看图读懂 猫咪心理

从动作·表情·行为·习惯中
读懂的100件事情

[日] 松田宏三 编著　吴梦琪 译　王烁 审

人民邮电出版社
北京

图书在版编目（CIP）数据

看图读懂猫咪心理 ／（日）松田宏三编著 ；吴梦琪译. -- 北京：人民邮电出版社，2020.4
ISBN 978-7-115-52487-4

Ⅰ．①看… Ⅱ．①松… ②吴… Ⅲ．①猫－动物心理学－图解 Ⅳ．①B843.2-64

中国版本图书馆CIP数据核字(2019)第243775号

◆ 编　　著　[日]松田宏三
　　译　　　　吴梦琪
　　审　　　　王　烁
　　责任编辑　王雅倩
　　责任印制　陈　犇

◆ 人民邮电出版社出版发行　　北京市丰台区成寿寺路 11 号
　　邮编　100164　电子邮件　315@ptpress.com.cn
　　网址　https://www.ptpress.com.cn
　　涿州市般润文化传播有限公司印刷

◆ 开本：880×1230　1/32
　　印张：7.125　　　　　　　　2020 年 4 月第 1 版
　　字数：237 千字　　　　　　2025 年 10 月河北第 20 次印刷
　　著作权合同登记号　图字：01-2019-3997 号

定价：45.00 元
读者服务热线：(010)81055296　印装质量热线：(010)81055316
反盗版热线：(010)81055315

喵，欢迎您走进神奇的猫咪内心世界！人类饲养猫咪的历史可以追溯上万年，这种神奇的精灵与人类朝夕相处，快乐地生活在我们的身边。

"为什么我叫它猫咪时它不理我？""它出现埋食物的行为是因为不爱吃吗？""我家猫一整天都在睡觉，是因为体力不支吗？""猫咪一天要吃多少？""猫咪喜欢什么样的玩具？""猫咪大量饮水，是因为口渴吗？""我家猫咪专注地看电视并发出叫声，它能看懂电视中的故事情节？""我如何和一只陌生猫咪建立好的关系？""猫咪被我训斥后拼命地挠爪子，是因为它生气了吗？"……每天在我的微博和微信好友中都会有大量的咨询，我惊喜地发现我们已经从单一喜欢猫咪的感性喂养上升到科学喂养层面，大家越来越关注猫咪的日常行为和变化，并希望给猫咪更高品质的生活，真的把这个可爱的生命当成家庭成员中的一员。

猫咪和您想象的完全不同，我们只有站在猫咪的角度才会去真正了解它们的行为背后的含义，才会真正地去理解它们，对它们的一些行为给予谅解；最重要的是能够积极地帮助它们有效避免不必要的压力和应激，减少对猫咪的伤害，从某种程度上还可以有效减少疾病的发生。

我建议您找一个阳光明媚的下午，准备好一杯浓郁的咖啡或者红茶，和您家熟睡的猫咪保持一米以上的距离，拿起这本书开始阅读。书中图文并茂、言简意赅地介绍了在猫咪育养过程中出现的"问题"，相信阅读完每一篇文章和可爱的插图后您会豁然开朗。

《看图读懂猫咪心理》是一本非常适用于爱猫人士了解猫咪育养与行为的科普图书，更适合资深养猫人士们用于了解日本猫友们在饲养猫咪过程中的细致和用心。

猫咪心，海底针，接下来让我们一起打开这本书，走进猫咪的内心世界，科学揭秘猫咪的心情，读懂它们的内心戏。

王烁
中国猫科动物福利推动者
猫咪育养＆行为专家

序言

猫咪是一种任性的生物。宠物狗多少可以通过训练让其在某种程度上根据主人的指示行动，但是猫咪对于主人的指示却显示出一副若无其事的样子，只会按照其当下的心情自由奔放地行动。

为了捍卫猫咪的名誉，我要在此为其正名。猫咪并不是听不懂主人的指示，理解指示和按照指示行动是两件不同的事情。此外，猫咪的性情就像它的眼睛一样变化无常，你以为它会慢悠悠地走过来蹭蹭你，却不会想到它会在下一个瞬间就转身离开；昨天还很喜欢的零食，今天却看都不再看一眼。经常被猫咪变化无常的性情所玩弄，却还乐于其中的主人应该不在少数吧！

有一个小故事在爱猫者之间广为流传。如果"给狗狗吃好吃的，陪它玩耍，给它准备温暖的床铺，那么狗狗就会把主人当作神明"。但是如果"给猫咪吃好吃的，陪它玩耍，给它准备温暖的床铺，那么猫咪就会把自己当作神明"。这的确很符合猫咪的想法。

在古埃及，猫被当作神明尊崇，一想到该地区的猫是被认为是现代家猫的祖先的利比亚猫，猫咪认为"自己是神明"这件事也并非是自大的想法了。

这么一想，人类最终无法百分之百理解猫咪的心情。

日常生活中看到猫咪偶尔出现的行为举动，我们也只能猜"不是那个吗？不是这个吗？"。本书如果能帮助"困惑的主人"与自己深爱的猫咪之间进行交流，那将是莫大的荣幸。如果本书能对希望读懂可爱猫咪的心情的主人以及希望主人能按照自己的想法而行动的猫咪的幸福生活有所贡献，我们将感到无比高兴。

编者

目录

5

第3章 "想玩耍"时猫咪的动作和姿势

第4章　注意确认！猫咪的身体是否健康

第5章 流浪猫和家猫的区别

第6章　认为自己"被训斥了"时，猫咪的行为和动作

第7章　猫咪感到压力的时候

第8章 和长寿猫咪一起生活的绝妙方法

第 1 章

不管什么时候都 "想睡觉"

「打哈欠」是因为困了吗

A 大幅度地「打哈欠」和「伸懒腰」相当于人类的深呼吸

猫咪打哈欠时会张大嘴，就像是脸从中间裂开一样分成上下两部分。

虽然看起来确实像"困了"，但是猫咪会在刚刚起床的时候就打哈欠。主人可能会因为"睡了那么久还困吗？"而感到惊愕。事实上，对于猫类来说，刚起床时打哈欠是为了让自己完全清醒并开始活动所必需的动作。因为在睡觉时呼吸频率会降低，所以体内，尤其是大脑的含氧量也会较低。在起床的时候打一个大大的哈欠，获取充足的氧气，这是开始活动的准备工作。

与起床时的打哈欠属于一套动作的是将身体舒展开，伸一个大大的懒腰。将前爪和后爪伸长，把获取的氧气传递到身体的每一个部位。这样的话刚醒来的身体也会变得精神抖擞！万事俱备，可以随时飞扑向猎物。

如果猫咪不是睡到自然醒，而是被吵醒的话，它也会连着打几个哈欠。这种情况下打哈欠是为了缓解被吵醒的不快情绪，从而转换心情。

如果感到身体不适，猫咪也会打哈欠。在胃不舒服，想要排出胃中累积的气体时，猫咪就会频繁地打哈欠。虽然只是一个哈欠，却隐藏了各种各样的信息。

打哈欠和伸懒腰的意思

刚起床时打哈欠是为了获取氧气。
被吵醒时打哈欠是为了缓解不快情
绪，转换心情。

睡眠中
▼
呼吸频率降低
▼
体内含氧量降低
▼
起床
▼
打哈欠
▼
获取氧气
▼
准备活动

打哈欠之后伸懒腰是
为了将所获取的氧气
传输至全身。

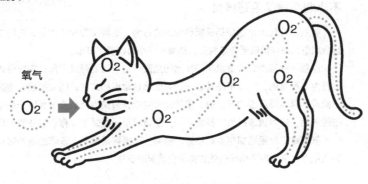

氧气

在被窝里踩来踩去是因为不困吗

Ⓐ 「踩来踩去」「推来推去」是在撒娇

猫咪喜欢用前爪玩弄铺在猫窝里的毛毯或毛巾，一会儿握住，一会儿又松开。或者仅用前爪踩在毛毯上玩耍，不一会儿，就横躺在被窝中香甜地睡着了。

这种"踩来踩去""推来推去"的动作，是幼猫时期挤压母猫乳头喝奶时产生的习惯性动作。挤压母猫的乳头才能喝到更多的奶水，这是幼猫与生俱来的本能反应。这本是幼猫特有的行为，但是一钻进猫窝，便回想起母亲的温暖与柔软，在主人的身体、毛毯或毛巾等地方就会做出同样的动作。这表现了猫咪"想向妈妈撒娇"的心情。很多猫咪踩着踩着就睡着了，一般认为是因为猫咪觉得自己在妈妈身边喝饱了奶水，感觉舒适惬意，便渐渐地进入了梦乡。不要打扰猫咪无比幸福的瞬间……

读懂猫咪的情绪
要点和建议

不小心吞食了毛毯纤维

有的猫咪长大之后却仍保留着幼时的行为，这种情况并不少见。有的猫咪会像喝母乳一样吮吸毛毯等物品，结果一不小心误食了纤维。

这是一种可能导致窒息和肠梗阻的危险行为！想要通过训斥让猫咪停止这种行为是很难的，所以不妨试试一些消除误食隐患的方法，例如把猫窝中的垫子换成不容易掉纤维的产品等。虽然还未完全弄清楚为什么猫咪会吃一些不能吃的东西，但导致该行为的原因之一，是觉得自己撒娇也没有引起注意而导致的紧张情绪。尽量增加与猫咪相处的时间，在猫咪试图吃不该吃的东西时转移其注意力，这一方法也能有效避免误食情况的发生。

爱撒娇的性格

| 想起猫妈妈了 | = | 用前爪踩毛巾或毛毯 |

破坏也是猫咪的一种玩耍行为，越喜欢越容易破坏

根据触感和材料精心选出来的垫子，结果总是被猫咪拉坏。

为猫咪准备了漂亮的藤篮床，却被它咯吱咯吱地咬坏。

这不禁让人发问，猫咪到底是不喜欢哪一点呢？事实上，这种破坏行为是因为猫咪没有把床铺当作床铺，而是当作了喜欢的"玩具"。不仅仅是床，脏衣服等布制品都会被猫咪叼着游逛；或者会用前爪抱着布制品，用后爪去踢。这些行为都是因为猫咪把它们当作了自己的玩具。因为藤篮等编织物可以正好卡住猫咪的爪子，所以对于猫咪来说，藤篮便成为了可以磨爪子的玩具。

猫咪是可以把所有看到的东西都当作是玩具的天才。

应对方法只能是给猫咪"更有趣的玩具"，让它对垫子和床失去兴趣。什么是有趣的玩具呢？这根据猫咪的不同情况也有所不同，需要我们细心观察。注意，如果为了不让猫咪啃咬或者舔舐床铺，就在上面涂上猫咪不喜欢的东西，如芥末等，会导致猫咪讨厌猫窝。

猫咪把垫子和床铺当作玩具玩耍，说明猫咪喜欢它们。与其去叱责猫咪，倒不如让它想怎么玩儿就怎么玩儿。但是，要记得立刻打扫猫咪咬出来或者揪出来的纤维及碎末，注意不要发生误食等事件。

啃咬精心准备的猫窝

这个玩具真好玩儿

猫咪是可以把所有看到的东西都当作
是玩具的天才。

Ⓐ 猫咪知道「现在最舒适的地方在哪儿」

猫咪经常会寻找舒适的地方，比如，冬天里有阳光照射的向阳处，夏天里通风条件好的阴凉处，所以猫咪经常变换在家里的位置。

猫咪喜欢并长时间待着的地方就是那一天、那个时刻它在家中感到最舒服的地方。因为这个地方是家中"最舒适的地方"，所以也有种说法称"如果坐在猫咪待过时间最长的地方，将会有好运气"。

猫咪选择位置并不仅仅是出于对温度和湿度的喜好，对猫咪来说舒适的床铺是比任何地方都要安全的位置。因为睡觉不想被人打扰，有的猫咪喜欢人们很难够到的、位置较高的地方，也有的猫咪喜欢能将身体完全包住的、较为隐匿的狭小空间。觉得主人身边很安全的猫咪，有时也会在主人的脚边睡觉。为了不失去信任感，千万不要因为大意而踩到猫咪的尾巴！

读懂猫咪的情绪
要点和建议

让猫咪的床铺更舒适

因为近来的猫咪热，使得能让猫咪感到舒适的寝具不断得到优化。比如，冬天所使用的不让皮肤干燥却又可以从体内感到温暖的远红外线座椅、由高科技材料制成且不通电就能排出体内的热和汗等湿气的垫子；夏天所使用的能长时间制冷且可以直接给身体降温的、构造特殊的凉快座椅等。这些产品并不比人类所用的差，与此同时，考虑到猫咪健康和安全的产品正在不断地被研发售卖。

虽然不是所有的猫咪都需要，但是对于身体较差的幼猫和老年猫来说，这些产品可以预防中暑和体温偏低等情况。

待在家中最舒适的地方

对猫咪来说舒适的床铺

- 安全的地方
- 人们够不到的、很高的地方
- 能完全包裹住身体的狭小的地方
- 认为主人身边很安全的猫咪会在主人的脚边睡觉

沉醉于被抚摸的感觉……不困吗

A 让我们去探寻猫咪希望在「什么时候和什么地点」被抚摸

如果在猫咪在自己身边安心躺下时抚摸它，猫咪会发出"咕噜咕噜"的声音，这说明它心情很不错。有时候猫咪会舔舐抚摸主人的手，就像度蜜月一般！但一瞬间，猫咪的态度就发生了一百八十度的变化，会去啃咬、踢踹主人的手。主人便会呆若木鸡地想"刚刚的蜜月关系算什么？"……猫咪会出现这种无法理解的唐突行为是因为其善变的性格。实际上，如果主人能够有所注意的话，这种现象是有机会改善的。

猫咪是一种非常任性的生物，"只在自己想被抚摸的时候希望被主人抚摸"。一边要求着"摸我！"一边又早早地厌倦了被抚摸的感觉。虽然对于主人来说这是"无法理解"的一种行为，但对于猫咪来说这却是理所当然的。

此外，猫咪对于被抚摸的地方和力度都有严苛的要求。它希望主人只抚摸自己想被抚摸的地方，希望主人能根据抚摸的地方来调节抚摸的力度。比如说要加大力度抚摸耳后和下巴下面等猫咪自己无法触摸到的地方，要用指腹（不要竖起指甲）温柔缓慢地抚摸背部及肚子等，如果主人能根据抚摸地方的不同而改变力度，猫咪会觉得很开心。

让猫咪满意的高超抚摸手法

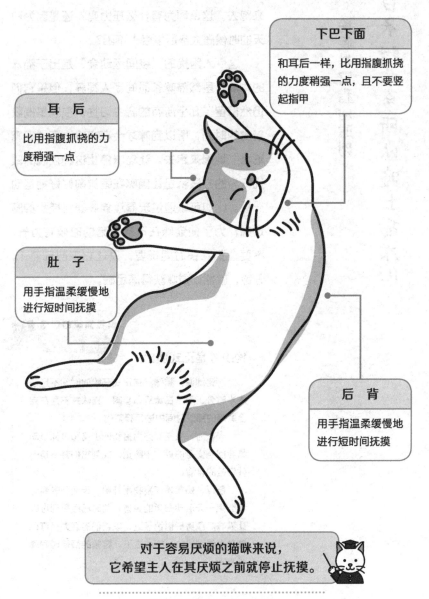

下巴下面

和耳后一样，比用指腹抓挠的力度稍强一点，且不要竖起指甲

耳　后

比用指腹抓挠的力度稍强一点

肚　子

用手指温柔缓慢地进行短时间抚摸

后　背

用手指温柔缓慢地进行短时间抚摸

对于容易厌烦的猫咪来说，它希望主人在其厌烦之前就停止抚摸。

因为白天睡太多所以晚上撒欢儿

傍晚是狩猎的时刻

虽然猫咪白天一直在睡觉，但是一到晚上就会变得非常有活力。即使主人在安静地睡觉，猫咪也毫不在意地在房间中"吧嗒吧嗒"地跑来跑去。这是因为有什么压力吗？还是因为白天的时候睡太多所以晚上不困？

这令人困扰的"夜间运动会"是出于猫咪的本能。虽然猫咪长时间受人饲养，但是它们仍然保留了几乎所有的野生习性。夜晚是捕获猎物的时间，所以猫咪才会在夜晚一直"吧嗒吧嗒"地跑来跑去。让猫咪停止这种夜晚的骚扰行为的方法就是让猫咪在睡觉前好好地运动一番。比如可以通过玩具让猫咪获得捕猎的满足感，为了使猫咪在下次狩猎的时候有力气，不要让猫咪长时间玩耍，只让它来回玩耍 15 分钟，就能让猫咪获得满足感。

读懂猫咪的情绪
❀ 要点和建议 ❀

傍晚才是正式演出

严谨地说，猫咪狩猎正式开始的时间不是在夜半时分，而是在黄昏和黎明。猫咪并不是在完全黑暗的那段时间内进行狩猎的。

半夜时，被猫咪列为猎物的小鸟和其他小动物会回到安全的巢穴中睡觉，找到它们并不是一件轻松的事情。

所以，如果是在猎物刚开始一天活动的黎明和结束一天活动归巢的黄昏，此时已经黑到可以让猫咪隐藏身形悄悄靠近，以它们的视力仍可以清楚地看到猎物。相比之下，狩猎的最佳时间就是夜间。

夜晚活动是猫咪的本能

如果希望安静地睡觉，就让猫咪玩耍15分钟左右，该方法很有效。

因为感受到了来自主人的善意和亲密

在主人身边睡觉的猫咪，偶尔会把身体倾向和主人相同的一侧，用相同的姿势睡觉。

这种"同步睡姿"证明猫咪感受到了主人非常强烈的爱意。当猫咪和兄弟姐妹或者父母一起睡觉时，经常会以相同的姿势入睡。这正是关系亲密、相亲相爱的表现，是放下戒备、敞开心扉的行为。

如果猫咪和主人也保持着一样的睡姿入眠的话，这也就证明了猫咪对主人有了亲人般的亲密感和爱意。有时候，猫咪会把身体的一部分紧贴着主人，这也是猫咪感受到了对方深深的爱意之后的行为。

就是这样，猫咪非常喜欢你。

读懂猫咪的情绪

要点和建议

气温不同 猫咪睡姿也不同

如果猫咪睡觉时把身体蜷成一团，那说明当时的气温可能在 15℃ 以下。如果气温下降，猫咪会害怕自己体温流失，所以会把身体蜷成一团。就像"猫咪在暖炉中缩成团"这句歌词唱的一样，如果猫咪感觉到冷的话，会把身体蜷成一团睡觉。

即使是怕冷的猫咪，在夏天，为了逃避酷暑也会调整自己的睡姿。为了释放身体中的热量，猫咪会仰躺着将身体摆成大字形睡觉。这样来看，可以认为当时的气温已经有 22℃ 以上了。所以猫咪的睡姿是由气温所决定的。

主人同款睡姿是亲密和喜爱的证据

如果猫咪和主人以相同的姿势睡觉，说明猫咪对主人有亲人般的亲近感

将身体的一部分紧贴着主人睡觉，也是因为关系亲密

睡姿是表示猫咪安心的风向标

从猫咪的脚和头的位置可知其是否处于放松状态

除了温度能影响猫咪的睡姿，其他能对其产生影响的因素便是猫咪的放松程度。野生动物时常感觉到危险、不得不处于备战状态，为了能在紧急情况时迅速逃生，有的动物甚至会站着睡觉。猫咪如同人面狮身像那样的两手向前伸出趴着的姿势，是为了始终保持着即使在休息时发生紧急状况也能迅速站起来跑的状态。这是一种没有完全放松，为了备战状态而不松懈、同时保持体力的休息的姿势。

野猫基本上都会以这种姿势休息，虽然也有很多家猫会使用这种姿势，但是因为是在安全系数较高的家中，它们不会伸出前爪，而是换成如同双臂在胸前交叉那样把前爪放在肚子下方的姿势。这种情况下，即使站起来也没有必要做出"爪子向前伸出"这种动作，此时放松程度是比较高的。

不仅仅是前爪的位置，头的位置也会随放松程度而改变。将头抬起来证明猫咪正在注意周围的环境。为了能感知到周围环境的动向，作为接收天线的耳朵需要保持在一个较高的位置。如果将头搁置在地板上，就说明猫咪认为周围没有危险，感到很安心。此外，如果猫咪愿意暴露出作为要害部位的腹部，那么这就证明猫咪此时的放松程度达到最高。

从睡姿读懂放松程度

勉强放松

将前爪如同双臂在胸前交叉那样放在肚子下方的睡姿

耳朵是接收天线

最 大 放 松

若愿意暴露作为要害部位的腹部，则安心程度达到最大

腹部是要害

计算机和电饭锅……家用电器是最好的床铺

A 非常喜欢家用电器的暖暖的温度

随着天气变冷，会有越来越多的猫咪在电饭锅、电热壶和计算机等家用电器周围睡觉。虽然在这种地方的睡眠体验绝对算不上舒适，但是猫咪还是会迷迷糊糊地嘟囔着进入梦乡……

这是猫咪不断渴求"温暖的床铺"的结果。通电的家用电器会微微发热，此时，寻求温暖的猫咪就会趴到这些电器上边。也有猫咪为了寻求温暖而爬到电视机的上边或者趴在台灯的光照下。

但是这对猫咪来说是很危险的。如果碰到插座或者啃咬电线，很容易造成触电事故。电饭锅和热水壶的蒸汽可能会造成猫咪严重烫伤。因为猫咪脱落的毛发和灰尘会将插座堵塞从而引起火灾，所以要及时打扫、清理。

读懂猫咪的情绪
要点和建议

避免室内事故的小贴士

由于猫咪的淘气，即使是看起来很安全的室内也会存在许多危险。在家里人都外出，无人看管的时候，有人会把猫咪关进笼子中以防发生事故，但主人们还是希望能有除此之外的更好的对策。

为了防止猫咪在室内遭遇事故，应该灵活运用防止婴幼儿和小孩淘气的物品。给暂不使用的插座装上插入式的盖子，以防触电事故；给推拉窗装上使其打不开的简易锁，以防猫咪从窗口坠落；给抽屉和柜子装上可以锁住的搭扣，以防猫咪误食化妆品等。

猫咪非常喜欢家用电器

因为通电的家电会微微发热保持温暖，所以寻求温暖床铺的猫咪会在家电上边或者家电旁边睡觉

注 意 插 座

因为考虑到猫毛会堵塞插座从而引发火灾，安全起见，应该给暂不使用的插座装上插入式的盖子。此外，一些防止婴幼儿淘气的物品等也是很有用的

猫咪睡着时眼皮在颤动……是因为做梦了吗

A 和人类一样重复着「快速眼动睡眠」和「非快速眼动睡眠」

如果仔细观察睡着的猫咪，就会发现猫咪一会儿颤动眼皮，一会儿用前爪做出类似抓挠的动作，还时不时发出"喵喵"的梦呓。难不成是在做梦吗？

猫咪的睡眠和人类一样，分为"快速眼动睡眠"和"非快速眼动睡眠"。"快速眼动睡眠"是指身体进入休眠，但是大脑还在工作，也就是所谓的浅层睡眠。"非快速眼动睡眠"是指身体和大脑都进入休眠的熟睡状态。

猫咪的睡眠周期要比人类的短，刚进入"非快速眼动睡眠"大概 10 分钟，就会立马切换成"快速眼动睡眠"，"快速眼动睡眠"会持续 30~60 分钟，然后再次插入短暂的 10 分钟的"非快速眼动睡眠"，接着进入"快速眼动睡眠"。因为是这样一种周期循环，所以即使猫咪看上去好像整天都在睡觉，但是每天的熟睡时间加起来也不过 3 小时左右。在人类的正常睡眠中，大约 8 成都是"非快速眼动睡眠"，因此可见猫咪的睡眠质量有多差了。

顺便一提，人类是在"快速眼动睡眠"时做梦。如果猫咪在"快速眼动睡眠"时，一会儿四肢和眼皮在动，一会儿又在嘟囔着什么，这时猫咪很有可能梦见了什么，从而导致身体不由自主地动。至于梦的内容，那只能问猫咪了吧。

猫咪的睡眠节奏

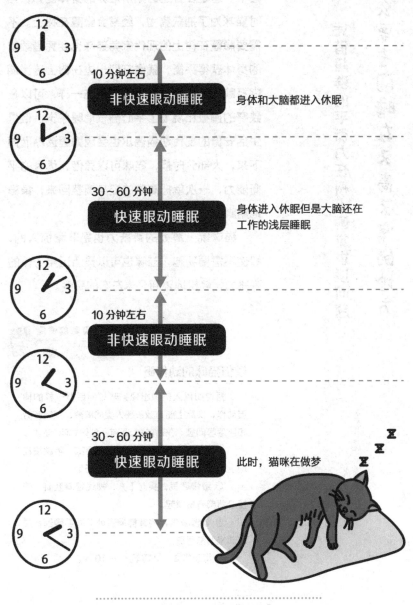

10 分钟左右

非快速眼动睡眠　身体和大脑都进入休眠

30~60 分钟

快速眼动睡眠　身体进入休眠但是大脑还在
工作的浅层睡眠

10 分钟左右

非快速眼动睡眠

30~60 分钟

快速眼动睡眠　此时，猫咪在做梦

为什么要专门睡在又高又窄的地方

凭借超群的平衡力在树上睡觉也没问题

猫咪可以爬上窗帘滑轨和空调顶等这些高得令人吃惊的地方，甚至可以在这些地方就地睡下。这是在野生时期所培养的身体能力，当时猫咪为了捕获猎物，经常会隐藏在树上。不需要隐藏在树上的现代家养猫咪也会凭借柔软的身体获得平衡，就像它们一边在树上迷迷糊糊打盹儿一边等待着猎物的祖先一样，可以在狭窄的搁板和院墙上平心静气地睡午觉。但是生活安稳的现代幼猫偶尔也会因为睡迷糊而掉下来，大部分时候，猫咪可以凭借其优秀的平衡能力，一次就把高难的姿势调整回来，稳稳地用脚着地。

猫咪跳上高处的跳跃力也是非常惊人的，即使不需要助跑，猫咪也可以灵活运用身体的弹跳力，轻松地跳到 2 米左右的高度。

读懂猫咪的情绪
要点和建议

模仿猫咪的动作吧

据说如果人类做出像猫咪拉伸后背一样的伸展动作，实际上能有效改善人类的肩酸、眼睛疲劳和腰疼等问题。在瑜伽中，就有一种体式叫"猫式"。

① 保持跪姿，双手打开与肩同宽，手掌按在地上。双腿并拢，膝盖和脚趾紧贴于地。

② 缓慢呼气，头向下方，视线望向肚脐，使整个背部脊椎拱起。

③ 缓慢吸气，将脊椎慢慢地下塌至腰部，腰背部呈凹陷弓形。

④ 将动作②、③重复 4 ~ 10 次。

猫咪的弹跳力

以这种姿势
就可跳至 2 米左右

如大家所知，猫咪
有高超的落地技能

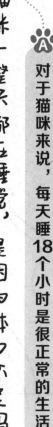

猫咪一整天都在睡觉，是因为体力不足吗

对于猫咪来说，每天睡18个小时是很正常的生活

如果和猫咪一起待上一天，就会发现猫咪真的很能睡。哪怕和一个爱睡觉的孩子相比，也未免显得太能睡了。但是猫咪即使听到很小的声音也会马上醒过来，从这一点来看，猫咪好像睡得不是那么沉。只想滚来滚去地睡觉，这也未免太懒了。如果不是猫咪而是人类的话，这么长时间的睡眠会让人担心"是身体不舒服吗"？过长的睡眠时间不免让人担心——如果猫咪不睡这么久的话，是不是就会体力不足以至于无法活动？

有种说法称猫咪的名字来源于"睡着的孩子"，猫咪本来就是一种一天的大半时间都在睡觉的生物，所以不必过于担心。

人们对猫咪经常把24小时中的18个小时都花费在睡觉上感到吃惊。猫咪基本上就通过"睡""吃"和"玩"这三件事度过每一天。

猫咪本来是夜行性动物，它们过去的生活方式就是白天睡觉来积蓄体力，到了夜晚就外出狩猎。因为人类很少能看见夜晚猫咪起床的样子，所以就更会觉得猫咪"一直都在睡觉"。据说因为被人类的生活规律所影响，越来越多的猫咪开始早起晚睡。

猫的睡眠

昼
睡觉保存体力

外出狩猎
夜

基本生活就是睡、吃和玩。

专栏

猫的种类

一般来说，家养猫咪在分类学上被认为是山猫的亚种，将其分类为"家猫"。就品种的认定来说，根据记录了世界上所有猫咪血统的组织——国际猫协会(TICA, The International Cat Association)和国际爱猫联合会(CFA, The Cat Fanciers' Association INC.)的认定，猫咪的种类随着品种的改良而不断增加。在日本，虽然美国短毛猫、苏格兰折耳猫、俄罗斯蓝猫、日本短尾猫很受欢迎，但因为只有少数人会过分拘泥于纯血统品种，所以也有很多人饲养所谓的杂种猫。另外，也会根据猫的体型、毛色（颜色）和毛的花纹（斑纹）等进行分类。

在日本具有人气的主要的品种	
阿比西尼亚猫	据说在古埃及被雕刻成神像，拥有非常古老的血统。身体修长，毛短且易亲近。
美国短毛猫	在日本最具人气的原产于美国的猫。其中银色虎斑纹品种尤为名贵。
苏格兰折耳猫	人气急剧上升的以折耳为特征的猫。是在苏格兰发现的变异品种，但其却繁殖于美国。
索马里猫	从阿比西尼亚猫的长毛种中繁殖出来的品种。除了毛的长度之外，与阿比西尼亚猫具有相同的特征。
银渐层猫	原产于英国。实际上是一种以波斯猫为基础培育的猫的毛色的叫法，但因其非常受欢迎，所以被单独列为一类品种。
日本短尾猫	起源于日本的古代物种，被认为是世界上罕见的短尾猫，在海外也备受关注。
挪威森林猫	原产于北欧，很早之前就存在的一类品种。此品种的猫全身被长毛严严实实地覆盖，以抵御寒冷的气候。
波斯猫	圆圆的鼻子惹人喜爱。波斯猫是长毛猫的代表品种，从很久之前就备受欢迎。
缅因猫	被称为"温柔的巨人"，是大型长毛猫。在世界范围内也具有高人气。
布偶猫	是以波斯猫为基础，数类猫咪交配而诞生的一类品种，因体型稍大、性格温顺被人们所熟知。
俄罗斯蓝猫	曾有段时间濒临灭绝，为了恢复其数量，人类使其与英国蓝猫和暹罗猫进行交配。以蓝毛或灰毛为特征。

第2章

猫咪想"进食"的时候

猫咪一天要吃多少

Ａ

根据幼猫的月龄、成年猫咪的体重来决定食量

虽然猫咪一直喵喵地叫着说"快点开饭！"，但却剩下大半食物没吃完就去午睡了。主人觉得可能是食物的分量太多了，于是下一次就会减少食物的分量，结果猫咪却在一瞬间就将食物全部吃完，并且还祈求着想要更多……猫咪的饭量到底有多大呢？

一般情况下，应该根据猫咪的年龄和体重来决定猫咪的食物摄取量。如果猫咪没有因为肥胖或生病而被控制饮食，那么一只体重为 3 ~ 4kg 的成年猫咪的每天的标准摄取量应为 55 ~ 70g，4 ~ 5kg 的成年猫咪的摄取量应为 70 ~ 85g。顺便一提，如果把一只成年猫咪一次的食物摄取量进行换算的话，大概相当于 1 只小家鼠。据说 4 ~ 5kg 的野猫一天需要吃 15 ~ 16 只老鼠。

对于处于成长期的幼猫来说，应该根据其月龄而不是体重来决定其每天的食量。1 ~ 3 个月为 25 ~ 60g，3 ~ 6 个月为 60 ~ 85g，6 ~ 9 个月为 80 ~ 90g，9 ~ 12 个月为 80 ~ 85g，且最好能给幼猫吃专用食品。

另外，最近市面上出现了老年猫咪专用的食品，上面标明了"7 岁以上用""11 岁以上用"等信息，这是为了让老年猫咪控制卡路里，并确保其能摄入所必需的营养成分。应该根据猫咪的年龄来决定其所摄取的食物分量。

食物的分量

如果是普通的成年猫咪

体重为
3 ~ 4kg

体重为
4 ~ 5kg

食物的分量为
55 ~ 70g

食物的分量为
70 ~ 85g

幼猫应根据月龄而不是体重来决定食物的分量
（提供幼猫专用食品）

出生后 1 ~ 3 个月	出生后 3 ~ 6 个月	出生后 6 ~ 9 个月	出生后 9 ~ 12 个月
25 ~ 60g	60 ~ 85g	80 ~ 90g	80 ~ 85g

猫咪什么时候不想进食

A 黄昏和黎明是「想吃饭！」的时间

一般来说，猫咪一次所需的食量并不是很多，这是因为猫咪在野生时代所培养的进食习惯影响了其食量。因为猫咪只会捕获老鼠大小的猎物当作食物，所以这种进食习惯决定了猫咪一次只能吃相当于一只老鼠的量的食物。

猫咪主要在黄昏和黎明时分进行狩猎来填饱肚子。

也就是说，对于猫咪来说，这一时间段在生理上是最"适合进食的时间"。

"一大早开始，猫咪就叫着'早饭、早饭！'喊我起床。"

"只要一开始准备晚饭，我们家猫咪就一定会撒娇要求吃饭"。

我们经常听到有人这样说。但这正是猫咪的进食时间，也是现代家养猫咪生活中的"狩猎"的时间。

读懂猫咪的情绪
要点和建议

定时吃饭较为理想

在给猫咪准备食物时，如果猫咪"无节制地吃"很容易引起肥胖，为避免这一现象，建议采用"定时"方法，即每天在固定时间投食两次左右。然后收拾打扫其没有吃完的食物。每天保持一定的量，在固定的时间喂食，在猫咪把食物全部吃完之前，不收拾打扫食物也是可以的。

最重要的是不要给猫咪过多的食物，同时在主人不在家的时候，只给猫咪准备干粮，并放置好水，以防止猫咪没吃完的食物腐坏。

进食的时间

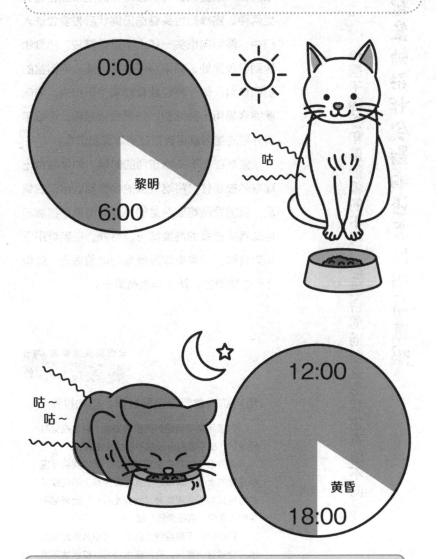

0:00

黎明

6:00

咕

12:00

咕~
咕~

黄昏

18:00

猫咪本来的狩猎时间主要是在黄昏和黎明。
也就是生理上"适合进食的时间"是黄昏和黎明。

猫粮盆的形状会影响进食的难易度吗

A 根据干猫粮和湿猫粮的不同，最适合的猫粮盆形状也有所不同

猫粮根据形态大致可以分为干猫粮和湿猫粮两种，根据内容可以分为普通型和综合营养型两种。猫咪把舌头卷成汤匙状后将食物送入口中，然后向点头一样上下摆动脑袋，把食物送到口腔深处。如果是干猫粮，那么猫粮盆的侧面倾斜，便于将粒状食物集中于中央，猫咪就很容易用舌头吃到。如果是湿猫粮，边缘不向外翻的猫粮盆更容易让猫咪舔舐进食。

猫咪在低下头吃东西的时候，如果经常出现喉咙被堵住，将吃进去的食物都吐出来的情况，就需要调高猫粮盆的高度，调整到猫咪不用低着头进食的高度即可。另外，在猫咪用舌头进食时，如果猫粮盆慢慢地向前滑走，就垫上一张防滑垫，防止猫粮盆滑走。

读懂猫咪的情绪
❀ 要点和建议 ❀

用自动投食器设定好时间，自动投食

为了尽量在固定时间投喂猫咪，自动投食器问世了，主要面向于经常不在家的主人。

因为这一机器在设定好之后，到时间就会投喂定量的食物，所以对于那些每天早上还在睡觉的时候就被猫咪催促着"给我吃饭！"而睡眠不足的人来说，实在值得一试。

有的猫咪不喝容器里的水，而想从水龙头喝水。针对这一情况，有种饮水器可以使水循环流动，让猫咪可以喝到流动状态的水。

关于猫粮盆形状的种种

干猫粮

为了让食物集中于中央，
侧面倾斜的猫粮盆较好

湿猫粮

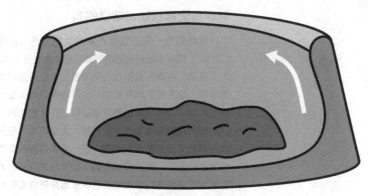

为了方便舔舐着进食，
侧面不外翻的猫粮盆较好

为什么要把有食物残留的猫粮盆翻过来

A 野生血统让猫咪玩弄剩下的食物

猫咪刚才还在老老实实地吃饭，突然就用前爪敲打还残留着食物的猫粮盆，或者将猫粮盆整个翻过来，仿佛在抗议说"一点都不想吃这么难吃的饭"！因为猫咪做出这种动作的大多时候都未将食物吃完，主人就会怀疑"猫咪是不是不喜欢这种食物"，但事实上让猫咪做出此类行为的原因并不仅仅在于对食物的喜好或者厌恶。

导致猫咪玩弄残留食物的猫粮盆的根本原因是猫咪吃饱了。野生的猫咪以捕获老鼠和小鸟为食，如果此时猫咪已经吃饱，它就会将吃不下的猎物当作玩具一样玩弄。也就是说，吃饱时的猎物等于吃剩的食物，玩弄吃剩下的食物是猫咪野生血统残留的表现。

读懂猫咪的情绪
要点和建议

猫咪每天都想吃得饱饱的吗

虽然猫咪一天的饭量在某种程度上是固定的（38页），但并不是所有的猫咪都会把食物全部吃完。

当然，猫咪的食欲也会有所波动。如果是野生的猫咪，即使每天都在狩猎，也不能保证每天都捕获到充足的猎物，据说野生猫咪每三天才能吃饱一次。现代饲养的宠物猫也是这样，大概平均每三天才会把当天适量的食物吃完。在一连多日都残留有食物的情况下，收拾完这些剩下的食物之后，主人应该观察猫咪是否希望吃到更多从而来调整每天的食物分量。

用前爪敲打或弄翻
残留有食物的猫粮盆

说起来这就是猫咪已经吃饱的证据。

为什么猫咪可以嗅到人类食物的味道

与其说是「想吃」不如说是「想了解」

主人在吃饭的时候，猫咪一定会坐在旁边；或者猫咪会突然将脸埋入购物袋中研究主人所购买的商品；主人在厨房中忙活的时候，猫咪也会嗅烹调中的食物的香味。

猫咪有这类行为不一定是想吃人类的食物，而是被好奇心所驱使，想看一下这些稀罕的物品，并从中了解到点儿什么。猫咪首先用鼻子调查，如果认为这是食物的话，就会把它吃掉。猫咪也会像人类一样，希望再次吃到好吃的食物，所以如果猫咪觉得人类的食物很好吃，当然会希望再次吃到。如果主人放任猫咪的这种行为，就会让猫咪觉得"人类的食物一定是美味的食物！"，以至于猫咪不论什么都想要尝一下。它们会从餐桌上偷吃菜肴，或者会收集一些厨余垃圾。这样不仅不卫生，还有可能让猫咪吃到不利于健康的食物。因为猫咪太可爱了，忍不住就……这种与猫咪分享菜肴的行为是绝对不可以的。

读懂猫咪的情绪
要点和建议

猫咪非常喜欢奶油

有句英语俚语说"like the cat that stole the cream"（像偷了奶油的猫咪一样）。这是"非常满足"的意思。就像这句话所说的一样，猫咪很喜欢奶油。

虽然说只舔食一点点奶油对猫咪来说没有太大的伤害，但是如果吃得太多，猫咪就会像人类一样因摄入过多脂肪而长胖，所以不论猫咪有多喜欢，最好都不要让它舔食奶油。

另外，有的猫咪不仅会舔食可食用奶油，还会舔食涂抹在脸上和手上的护手霜，这是绝对不允许的。

嗅食物的香味是因为好奇心

对人类的食物感兴趣

▼

让猫咪吃一点

▼

只要是人类的食物，不论是什么都想吃

▼

人类的食物不利于猫咪的健康

▼

危险！

还想吃一点……

虽然每次都会给适量的食物，但猫咪总是只吃一点就不吃了。主人可能以为是猫咪不喜欢这种食物吧，于是下次就换成了别的食物，但即使是这样，猫咪还是没能吃完。

如果猫咪没有一口气将食物吃完，并不一定代表它不喜欢这种食物，因为每次进食的量是因猫而异的。有的猫咪会把主人准备的食物一口气吃完，也有猫咪会把食物分几次吃完，所以应该对每只猫咪进行观察。如果过一会儿猫咪又开始吃的话，即使有剩余的食物也不要马上打扫，根据猫咪的步调来喂食就好。

如果猫咪分几次进食的话，主人在其吃饭途中收拾打扫食物，只会让猫咪觉得"如果不快点吃就要被拿走了！"于是猫咪就会一口气吃完超过其饭量的食物。如果猫咪吃得过快，就会像人类一样引起消化不良和呕吐、肥胖等症状，所以主人应该有所注意。

读懂猫咪的情绪
要点和建议

残留食物是私房钱

不仅仅是猫咪，很多狗狗也会将吃剩的食物塞到靠垫下面或者一些隐蔽的地方，也可以说食物就是"私房钱"。在捕获了很多猎物的时候，将吃剩的食物隐藏起来，然后吃上两三天，这是猫咪野生时期所养成的习惯。

另外，也有的猫咪会把食物从猫粮盆中拿出来然后去别的地方吃。这也是野生猫咪拥有的习惯之一。为了不让自己好不容易捕获到的食物被其他动物抢走，便将猎物运送至安全的地方后再慢慢享用，该习惯在宠物猫身上也有所体现。

即使有残留食物也要等一下

如果猫咪分几次进食

还没吃完的食物就被收拾走了

▼

认为食物会被拿走，于是
一口气全部吃完

▼

养成吃饭过快的坏毛病

▼

引起消化不良和呕吐、肥胖

如果不快点吃完的话……

汗!

汗!

可以吃除猫粮以外的东西吗

A 洋葱、巧克力等东西可能致死

好奇心旺盛的猫咪经常会吃一些猫粮以外的东西。"如果没有猫粮的话，给猫咪吃一点我们吃剩的食物应该不要紧吧"这种简单的想法是绝对不允许的。以前，有很多猫咪会吃含有味噌汤和鲣鱼干的剩饭，这样会使猫咪盐分摄入过多或者是营养不均衡，所以以前宠物猫的寿命短于现在的宠物猫。后来，考虑到食肉类动物猫咪的营养均衡的猫粮诞生了，这有效地延长了猫咪的健康寿命。

另外，对人类身体健康有益的食物可能对猫咪来说是有害的。比如说洋葱（也包括大葱）会破坏猫咪血液中的红细胞，导致猫咪贫血。如果摄取过多的青背鱼类，则会导致脂肪组织炎；如果摄取过多的肝脏，则会导致维生素 A 过多。所以说如果给猫咪猫粮以外的食物，则很容易造成意想不到的后果。和人类一样，猫咪也应该控制甜食及油分的摄入量。摄入过多的话，不仅会导致有万病之源之称的肥胖，如果摄入了巧克力（可可）之类的食物，还会对猫咪的心脏和中枢神经等造成不良影响，甚至会导致猫咪的死亡，所以主人绝不可大意。虽然只给猫咪吃过一次，但是如果猫咪下次还想要的话它就会去偷吃，从而很容易造成严重的事故。所以千万注意不要让猫咪产生"如果一直纠缠的话就会给我了吧"这种想法。

不可以给猫咪吃的食物

	味噌汤 （猫咪饭）	盐分过多、营养不均衡 （会对心脏、肾脏造成影响）
	洋葱 （大葱）	破坏血液中的红细胞从而造成贫血（影响肾脏的肾小球并引起肾功能不全）
	青背鱼类	大量摄入会导致脂肪组织炎
	肝脏	大量摄入会导致维生素A过多
	巧克力 （可可）	对心脏、中枢神经、呼吸以及肾脏造成不良影响，甚至导致死亡

在食物旁边做刨猫砂的动作是因为「讨厌」吗

为了待会儿再吃而把食物隐藏起来

猫咪会把前爪伸向吃剩的食物，然后做出在猫砂盆中用猫砂埋便便一样的动作。这可能是因为猫咪保留了将吃剩的食物隐藏起来这种野生习惯而做出这些动作；也可能是因为食物不合口味，猫咪已经对这种食物感到厌烦等，是猫咪在表达"不需要"的情绪。如果在此之后，不论过多久猫咪都不将残留食物吃掉的话，那就暂时收拾打扫一下吧。在猫咪肚子饿的时候，可以再次拿出相同的食物，确认猫咪是否会吃掉。

猫咪在排便后会用猫砂将排泄物掩盖起来，这是因为猫咪希望消除自己曾在这里逗留过的痕迹。野生时代的猫咪经常在离猎物巢穴很近的地方埋伏狩猎。为了不让猎物发现自己的存在，用砂掩盖痕迹是隐藏自身气息的行为之一。相反，当猫咪希望暴露自己的领地时，有时也会故意不用砂去掩盖痕迹。

读懂猫咪的情绪
要点和建议

高级猫粮 = 美味？

为了爱猫的健康和美丽，很多人会选择购买含有大量对猫咪身体健康有益成分的高价猫粮。但经常出现即使是好不容易买到的高级猫粮，猫咪也只吃一点点，最终不得不扔掉的情况。如果是人类，可以劝告他说"这个对身体好，快点吃掉"，但是猫咪是"讨厌不喜欢的东西"的固执派，不论对身体有多好，也很难强制让猫咪吃下不喜欢的食物。如果一定要让猫咪吃下去不可的话，那就将其少量混合在猫咪现在吃的食物中，让猫咪去适应这种新的口味。

在食物旁边做刨猫砂的动作的理由

理由 1
隐藏残留食物是野生习惯

理由 2
表示"不喜欢这个！"

在容易进食过量的情况下可以让猫咪吃吗

A 为了不让猫咪进食过量，应将其注意力从食物上转移

明明给了适量的食物，猫咪却还在空空的猫粮盆前叫唤着，好像在说"还不够！"。主人不禁思考"还能继续吃吗？"，如果再给猫咪一点儿食物的话，它又会迅速吃完……

因为猫咪的食欲因猫而异，所以即使是同样体格的猫咪，饭量也有所不同。但如果每次都让猫咪进食过量，则会引起肥胖。另外，如果给猫咪做了去势或绝育手术，即使饭量不变，其激素水平也会有所改变，所以也有可能变胖。如果从侧面观察猫咪时发现其肚子的基准线下垂，俯看时发现其腹部隆起，这就是猫咪变胖的信号。和人类一样，猫咪如果变得肥胖，也会引起糖尿病、高脂血症等各种疾病。为了不让猫咪进食过量，在猫咪想吃东西的时候，通过用玩具挑逗猫咪让其玩耍等方法来吸引猫咪的注意力吧。

如果觉得猫咪肥胖的话，应该找兽医咨询。在需要控制卡路里的情况下，与其减少食物分量，还不如将猫粮换成肥胖猫咪专用的低卡食物。因为如果减少食物的分量，猫咪就无法得到满足，并且可能产生"还想再吃点儿，但是主人不给我吃的"之类的有压力的想法。如果猫咪的饭量异常增加，则要考虑是否存在脑部异常或者寄生虫等疾病。有些疾病使猫咪即使大量进食也不断变瘦。如果怀疑猫咪有糖尿病和生活习惯病，要遵循兽医的判断，谨遵医嘱。

给猫咪过多食物会引起猫咪的肥胖

为了避免进食过量

在猫咪想吃东西的时候陪其玩耍，
从而转移猫咪的注意力。

为了消除肥胖

将猫粮换成肥胖猫咪专用的低卡食物（若通过减少食物
分量让猫咪减肥，猫咪则无法满足且容易产生压力）。

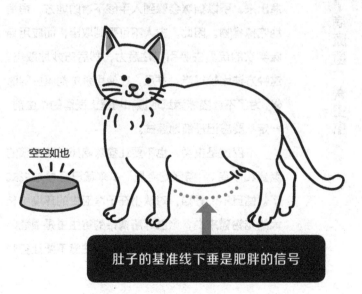

空空如也

肚子的基准线下垂是肥胖的信号

食量异常增加可能是存在脑部异常
或寄生虫等疾病！

误食了害虫！不要紧吗

A

危险！害虫很可能寄生了病原菌、寄生虫

正疑惑着猫咪在追什么呢，就发现它在追蟑螂！正想感叹猫咪凭借其电光火石的轻功，猛地伸出前爪完美地抓住了猎物，却发现它把猎物放入了口中……虽然这是让人差点当场昏厥的场景，但是此刻必须鼓起勇气从猫咪的口中取出蟑螂。因为蟑螂很可能让沙门氏菌等各种病原菌和寄生虫寄生于猫咪体内。同样，误食苍蝇也是很危险的。如果误食了这类害虫，根据情况不同，也有可能引起某些致死的疾病。注意千万不要让猫咪误食。

但是对于猫咪来说，蟑螂和苍蝇都是很重要的猎物。好不容易捕获的猎物，绝不会让主人从口中拿出来。所以猫咪会躲到人手够不着的地方，悄悄地吃掉猎物。因此，主人不可强制取出，而应用猫咪喜欢的玩具去吸引其注意力，然后巧妙地取出，这种方法比较得当。并且，在使用杀虫剂驱虫的时候，为了不让猫咪舔舐地板和墙壁上残留的杀虫剂，一定不要忘记仔细地擦拭。

不仅仅是虫类，也不要让猫咪吃掉其所捕获的老鼠和小鸟。"猫咪吃老鼠"本来就已经是过去式了。姑且不说野猫，对从小在干净卫生的环境中长大的宠物猫来说，老鼠等所携带的寄生虫是很危险的。即使猫咪捕获了猎物，也应该注意不要让猫咪吃掉它们。

✖ 蟑螂、苍蝇或老鼠

如果猫咪捕获了蟑螂、苍蝇或老鼠，应该立刻从猫咪口中将其取出。因为吃下这些很容易导致猫咪体内寄生沙门氏菌等病原菌和寄生虫，引起疾病。

不要强制取出，而应用玩具等吸引猫咪的注意力，巧妙地将其取出。

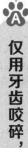

进食时狼吞虎咽！可以不嚼就直接吞下吗

仅用牙齿咬碎，在胃中慢慢消化

猫咪用舌头舔取食物，然后通过上下摆动脑袋将食物送到口腔深处后再吞下。如果仔细观察这一系列的动作，就会发现猫咪几乎没有咀嚼就将食物吞下去了。这样进食真的能好好地消化食物吗？

事实上，猫咪没有用来"研磨和咬碎"的牙齿。猫咪用门牙拔掉猎物的毛发和羽毛、剔下皮肉，然后用槽牙将食物咬碎，仅此而已。

经常面临遭到其他动物袭击，或者猎物被夺走的危险的野生时代的猫咪们，没有慢慢咀嚼品味食物的时间。因此它们的进食方法是尽快麻利地将猎物分解，暂时囫囵吞枣地吞下去，然后再在胃中慢慢消化。

读懂猫咪的情绪
要点和建议

怕烫却也讨厌吃冷的东西

温度约为 30℃ ~ 40℃的食物能引起猫咪的食欲。这是因为该温度接近于作为野猫食物的小动物的体温。对于吃猫粮的现代宠物猫来说，相比于冷的东西，果然还是更喜爱温热的食物。原因之一可能是因为温热的食物香味更加浓郁。

如果给没有食欲的猫咪以温热的湿猫粮，通过其强于人类 20 万倍的嗅觉来刺激其食欲，猫咪有可能突然就开始进食了。

猫咪没有咀嚼的习惯

门牙用来剔除毛发和羽毛
槽牙用来撕裂、咬碎食物

解体猎物

吞下

在胃中慢慢消化

咕噜

为什么不喝猫咪专用水而要喝花瓶里的水

因为在意饮水器和水本身的气味

虽然很勤快地为猫咪换水，但是猫咪却不喝为其专门准备的水，而去喝花瓶里或者是洗菜桶里的水。是因为不喜欢饮水用的机器吗？

猫咪的嗅觉比人类灵敏很多，对水中漂白粉的气味和清洗时残留的洗涤剂的香味、塑料制品等容器的味道非常敏感。所以猫咪可能是不喜欢这种人类察觉不到的微弱的气味。这种情况下，可以尝试用晾凉的开水或过滤后的净水。需要注意的是，不能给猫咪喝矿泉水，在清洗盛水的容器时不要使用洗涤剂，要仔细清洗或者将猫咪饮水的容器换成陶瓷制品。同时，长时间存放的水也会产生细菌，所以主人要勤快地给猫咪换水。

也有猫咪喜欢喝水龙头中流出的自来水。这并不是因为猫咪在渴求喝到新鲜的水，而很有可能是因为猫咪觉得水流动的样子很有趣。为了应对这类猫咪，电动饮水机应运而生。这种电动饮水机可以使饮水容器中的水流动起来，让猫咪可以随时喝到流动的水。

饮用花瓶中的水的原因

猫咪不喝水的情况下

考虑到的原因
●水中的异味
●清洗容器时残留的洗涤剂的味道
●塑料容器的异味

因为猫咪的嗅觉比人类灵敏很多，所以非常在意那些人类闻不到的气味。

如果猫咪饮水量异常且过于频繁排尿，则可能患有肾炎或糖尿病。

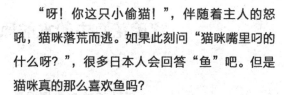

猫咪最喜欢吃鱼，还是肉

「猫咪爱吃鱼」是从日本人的饮食生活中所产生的印象

"呀！你这只小偷猫！"，伴随着主人的怒吼，猫咪落荒而逃。如果此刻问"猫咪嘴里叼的什么呀？"，很多日本人会回答"鱼"吧。但是猫咪真的那么喜欢鱼吗？

事实上，"猫咪爱吃鱼"这种说法与其说是日本人所创造的，还不如说是那些过着吃鱼多过吃肉的生活的人的臆想罢了。对于以动物蛋白为主食的猫咪来说，它不在意自己吃的是鱼肉还是其他肉类。猫咪从主人手边偷偷拿走的东西也只是碰巧罢了，有肉就叼走肉，有鱼就叼走鱼。

顺便一提，猫咪的喜恶和人类一样，被幼年时的饮食生活所影响而形成。如果猫咪经常被投喂金枪鱼口味的食物，则会喜欢上金枪鱼口味的东西；如果经常被投喂鸡肉味食物的话，则喜欢鸡肉味食物的可能性非常高。如果想养一只不那么挑食的猫咪，那就在其幼猫时期尽可能多投喂一些种类的食物。

猫咪爱吃鱼？

猫咪的主食是动物蛋白
实际上猫咪不在乎吃的是鱼肉还是其他肉类

呀！

其实我并不是
最爱吃鱼

A

猫草以外的植物有导致猫咪中毒的危险

因为猫咪喜欢舔身上的毛来梳理毛发，所以猫咪会误将自己的毛吞下去。

这些毛发会在猫咪的体内缠绕在一起成为毛球，进而阻塞猫咪的食道和肠道。猫咪有时候会自发性呕吐将毛球排出体外，猫草就会对此有帮助。因为猫咪吞下去的细长状猫草有刺鼻的味道，可以用来刺激胃部从而使猫咪呕吐，所以为了让猫咪排出毛球，最好给猫咪一些猫草。对于那些不喜欢猫草的猫咪，可以利用混有有利于防止毛球在身体中造成堵塞的成分的食物，或者是促进猫咪通过排便的方式排出毛球的药物来帮助猫咪排除毛球。

另外，有的猫咪除了猫草，还会吃蔬菜和观赏植物、插花等。虽然有的植物不会对猫咪造成不良影响，但是一些常见植物会引起意想不到的中毒症状，比如爬山虎会使猫咪拉肚子和呕吐，铃兰会使猫咪心功能不全，百合会使猫咪出现脱水症状和神经功能障碍，瑞香会使猫咪出现血便等。特别是用于装饰的插花，因为与食用植物不同，在种植的时候会使用农药，所以即使只是闻了味道或舔了一下，也有可能造成危险。如果家里的猫咪喜欢吃除猫草以外的植物，应该将植物放在猫咪够不到的地方。

猫咪精油和芦荟等也有可能会使猫咪中毒，要注意不要让猫咪舔舐或吸入这些危险的东西。

猫草的作用

吃进去的猫草会刺激胃等器官，从而使猫咪自发性呕吐以将毛球排出体外，有助于防止毛球堵塞食道和肠道。

猫草在宠物用品和宠物医院出售

不可以给猫咪的植物

铃兰
心功能不全

爬山虎
拉肚子和呕吐

百合
脱水症状和神经功能障碍

什么是高级食物

A 制造商对于「猫咪的饮食中需要某某」的见解不同

　　近年来，人们越来越注重猫咪的饮食健康，尽可能不使用含添加物的食物且含高级食材的食物备受欢迎。当然，这类食物价格昂贵，被称为"高级食物"。并没有特别明确的标准来规定"高级食物要含有百分之多少以上的某某"，"高级食物"作为"有利于健康的昂贵食物"的总称被使用。顺便一提，相对于高级食物，从以前开始就把一些食物称为"经济食物"。

　　高级食物的主要成分是蛋白质。迎合了作为肉食动物的猫咪本来的饮食习惯，肉和鱼的含有量占有绝对优势。并且制造商从各方面展开竞争，不断提高猫粮的质量。比如，用天然饲料饲养作为其原材料的动物（猫粮的原材料多为野鸭和火鸡的肉）、使用人类所食用的捕获或养殖的鱼、在精心挑选的环境干净的工厂中进行生产加工等；还会添加含有多酚、胡萝卜素、omega-3、碘和维生素等有利于健康的营养素的蔬菜和海藻等天然食材。对于猫咪的健康来说是"这是必需品！"的营养素根据制造商不同其定义也有所不同，因此根据研究成果的不同，也出现了各种各样的猫粮配方。

有利于健康的昂贵食物

高级食物

无添加　高品质　高价格

添加蛋白质		添加蔬菜、海藻
●主要使用肉和鱼 ●使用天然的饲料饲养 ●使用和人类同样的食材 ●在环境干净的工厂中 　加工生产	➕	●多酚 ●胡萝卜素 ● omega-3 ●碘 ●维生素等

对人类健康有益的食物对猫咪的健康也有益吗

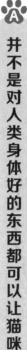

并不是对人类身体好的东西都可以让猫咪吃

主人为了自身的健康，经常会摄取一些酸奶和青汁等食物，如果将这些确实有助于人类健康的东西给猫咪食用的话，也能获得同样的效果吗？回答有是也有否。

比如说，有些猫粮会将纳豆这种含有利于猫咪健康的成分的食物混在其中，但对于杂食动物的人类和肉食动物的猫咪来说，其所需的膳食平衡是不同的。另外，因为猫咪和人类的肠胃环境也有所不同，所以即使是摄取同样的食物也不一定会得到同样的效果，并且还有可能使猫咪中毒。因此，根据非专业人士的判断来给猫咪喂食是非常危险的。

特别是主人经常会投喂的乳制品。人们认为牛奶会给猫咪补钙，但没有想到的是，人类所喝的牛奶中所含的乳糖量约为猫咪母乳中乳糖量的 3 倍，凭借猫咪体内的乳酸分解酶不能消化分解这些乳糖，所以可能导致猫咪拉肚子。猫咪专用牛奶调整其成分以近似于母乳，因此不可以给猫咪其专用奶以外的乳制品。 顺便一提，因为长大后的猫咪不会再喝母乳，所以只需给幼猫准备奶。遗憾的是，对人类肠胃有益的酸奶，对猫咪来说却几乎不会有任何功效。若只给猫咪一小勺酸奶作为零食，并不会对猫咪的健康产生有害影响，但有些酸奶中含有的水果、蜂蜜、砂糖等会导致猫咪肥胖，所以如果要给猫咪酸奶的话，最好是无糖酸奶。

猫咪需要牛奶吗

＝
可能变成有毒物质

因为长大后的猫咪不再喝母乳，
所以只需要给幼猫奶。

各种得到猫咪的方法

在准备饲养猫咪的时候，我们可以选择从宠物店购买等多种方法，但有几点需要引起大家的注意。

●在宠物店挑选

因为每个店铺都有好有坏，所以要慎重挑选店铺。一个好的店铺所具备的条件有：店员拥有丰富的知识；不出售出生未满两个月的猫咪；因为会给幼猫造成一定负担，所以店铺不会 24 小时营业等。

●从饲养者手中直接购买

如果已经决定了自己想养什么品种的猫咪，大家也可以从具有长时间猫咪饲养经验的饲养者手中直接购买。若能看到饲养环境，便可以确认猫咪是否是在不卫生的环境中被饲养长大的。

●前主人转让刚出生的幼猫

猫咪在出生后的两个月中会从父母和兄弟姐妹身上学到很多东西，还会从母乳中获得免疫能力，所以在出生后两个月之后且三个月之前转让猫咪是最为合适的。条件允许的话，大家可以去见见猫咪的前主人和猫妈妈，问问猫咪的日常花销和疾病、习性等。如果住的地方与前主人相距不远，还可以问问经常给猫咪看病的兽医是哪一位。

●从领养机构领养

虽然领养基本是免费的，但因为不知道猫咪从出生到被领养期间经历过什么，所以领养之后要首先带猫咪去宠物医院进行体检和疫苗接种。另外，有些领养机构，会为猫咪接种疫苗等，并利用网络为猫咪寻找主人，所以也可以从这类机构手中领养猫咪。虽然需要支付接种疫苗的费用和手续费，但是比直接领养更让人放心。

●饲养流浪猫

因为这类猫咪保留有流浪时期的习性，所以不推荐首次饲养猫咪的新手去尝试。如果实在想养的话，应该注意以下几点：因为有的流浪猫会和家养猫咪混在一起，所以要仔细观察，确认其是否是流浪猫；尽可能寻找那些亲近人类的猫咪；一旦确定饲养，应把猫咪带去宠物医院进行体检和疫苗接种；如果不想猫咪怀孕的话应为其做绝育手术。

第 3 章

"想玩耍"时猫咪的动作和姿势

在地上打滚是「想玩耍」的信号吗

就像邀请兄弟姐妹玩耍一样邀请主人

有时在主人读报纸的时候，猫咪会一屁股坐在摊开的报纸上，然后整只猫都趴在上面打滚。猫咪的捣乱使主人无法继续读报，若此时主人想挥手把猫咪赶走，猫咪就会用前爪抓住主人的手。虽然驱赶着猫咪说"给我去那边"，但不一会儿猫咪又会回来，继续滚来滚去……

猫咪这种滚来滚去或者躺下露出肚皮的行为，是其在邀请兄弟姐妹一起玩耍时的姿势，是在说"理理我嘛！"。虽然猫咪讨厌经常被逗着玩，但也讨厌被无视的感觉。如果主人把平时放在自己身上的注意力转移到了其他的东西（报纸、手机和计算机）上，猫咪就会产生"等一下，这是怎么回事？！"的疑惑，然后会过去吸引主人注意。

另外，主人读书或用计算机工作的场景在猫咪看来只是一动不动地坐在那儿，此时猫咪可能会邀请主人"既然那么闲的话就来陪我玩儿吧"。主人企图驱赶猫咪的手会被猫咪理解为"啊，那就陪你玩儿吧"，所以猫咪反而玩得更开心了。此时，与其说"现在不可以"，还不如稍微陪猫咪玩一会儿。用前爪抓着的人愿意陪自己玩，此时如果心满意足，有的猫咪就会突然对对方失去兴趣。

为什么要打扰主人

=

"理理我嘛！"的信号

滚来滚去的猫咪

陪我玩儿嘛

猫咪躺着滚来滚去并且露出肚皮是其在幼年时邀请伙伴一起玩耍时的姿势。如果稍微陪猫咪玩一会儿的话，猫咪会心满意足。

怎样的玩具能博得猫咪的青睐

A 猫咪所谓的玩耍也就是「狩猎」

即使是饲养的宠物猫，也非常喜欢模仿狩猎的游戏。前端绑有绳子和木棍的由羽毛和皮毛做成的逗猫棒，以及类似嗡嗡嗡飞着的虫子那样的玩具在市面上均有出售。如果这类玩具会做出和老鼠、小鸟、青蛙和蛇等动物一样的动作，猫咪一定会高兴得飞起来。关键就是偶尔要让猫咪体验捕猎的感觉，否则猫咪狩猎的欲望就得不到满足。在"捉到了！"和"逃走了！"的反复交替中，猫咪开始逐渐沉迷于游戏。也有其他很多含有猫薄荷的玩具或电动小球等，即使市面上没有售卖，也可以找到一些替代品。因为猫咪也可以很高兴地玩用于会议等场合的激光笔（需要注意不要射向眼睛）、纸张做成的小球或布制掸子等东西，所以如果用身边一些唾手可得的东西来逗猫咪的话，可能就会意外地得到猫咪的青睐。

在挑选玩具时应该注意以下几点：玩具的大小不易被猫咪误吞；玩具不会被轻易撕碎；万一误食了玩具碎片也不会受伤；制作玩具的材料不会导致猫咪中毒。另外，即使满足了以上条件，为了不让猫咪在主人看不见的地方撕碎并吞下玩具，在猫咪玩完玩具之后，主人应将玩具收纳在猫咪无法轻易接触到的地方。

想玩这些玩具

猫咪喜欢能模仿猫物动作的玩具

模仿老鼠、小鸟、青蛙和蛇等动物的
动作的玩具会让猫咪非常高兴

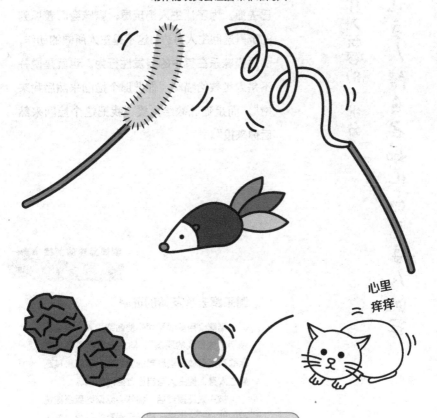

心里
痒痒

安全的玩具的条件

- 大小不易被猫咪误吞
- 不会被轻易撕碎
- 误食了玩具碎片也不会受伤
- 不会导致猫咪中毒

第3章 "想玩耍"时猫咪的动作和姿势

猫咪会为了让主人陪自己玩儿而听主人的话

Ａ 终归是作为玩耍的一部分

猫咪基本上是不会按照命令来行动的。因为猫咪本来就不会进行团体活动，所以也就不需要听谁的指挥去做什么事。即使是那样的猫咪，有的时候也会为了"想吃好吃的东西""陪我玩儿"等自身利益而听主人的话。

比如，有的猫咪喜欢让主人扔玩具然后自己去抓。为了让主人扔玩具，猫咪会叼着抓到的玩具送回主人身边。这不是主人所教的动作，而是猫咪乐在其中的自发性行为。也就是说并不是人类教给猫咪"你把那个捡回来然后我来投"，而是猫咪教给人类"我把这个捡回来然后你来投"。

读懂猫咪的情绪
🐾 要点和建议

蹭来蹭去是友情的证明

猫咪会用前额和两颊使劲蹭主人，这是在表明"这是我的朋友"，向主人表示爱意。猫咪的两颊有放出信息素的皮脂腺，猫咪将其蹭到主人身上使主人与自己有相同的气味。

被主人抚摸过后，猫咪会频繁地舔舐被抚摸的地方，这也是一种表示爱意的行为。主人通过抚摸将自己的气味传到了猫咪身上，猫咪通过舔舐，将主人的气味和自己的气味混合到一起。

猫咪会听人类的话吗

呀，再来一次！

你看

♪

坐下

喜欢抓主人所扔出的玩具的猫咪，
虽然会将抓到的玩具叼回主人身边，
但其基本上是不听主人命令的。

即使挥动玩具，猫咪也只有目光随着玩具动

A 伏击也是狩猎，这是玩耍中的一项

主人好不容易妥协说"我陪你玩儿吧"，并对着猫咪挥动绑着绳子的老鼠玩具，但猫咪却一动不动地趴在那里，只是看着动来动去的老鼠而已，这是为什么呢？

因为猫咪的目光会追随着动来动去的玩具移动，所以它并不是没有兴趣。有些主人会想是不是对于猫咪来说这样的玩具还不够活跃，需要蹦蹦跳跳、更有活力的东西陪它玩耍。

但是猫咪之所以一动不动地注视着玩具，是因为猫咪正乐在其中，因为其"玩耍等于狩猎"的欲望得到了满足。野生猫咪在狩猎时本来就会在被其认作猎物的小动物的巢穴附近伏击，等待着绝好的机会……一鼓作气、一跃而起地捕获猎物。

猫咪一动不动地注视着绳子就如同在狩猎一样，它在虎视眈眈地等待着最佳时机。

读懂猫咪的情绪
要点和建议

为什么要在一跃而起之前摆动脑袋

玩得正开心的猫咪一边紧盯被列为目标的玩具，一边会小幅度地左右摆动脑袋。这种像武者一样的动作，是猫咪在利用双眼确认其与猎物之间的距离。猫咪不希望错失自己用长时间蹲守猎物所制造的良机。

在猫咪的狩猎中，最后一跃而起的瞬间是最重要的，如果计算错了距离导致猎物逃跑，那长时间的伏击就会白费。猫咪通过摆动脑袋以完全利用双眼的功能，准确把握自己和猎物之间的距离，最后发起决定性的一跃。放低身姿，摆动脑袋是一跃而起之前的最后确认。

趴着看也是在玩耍

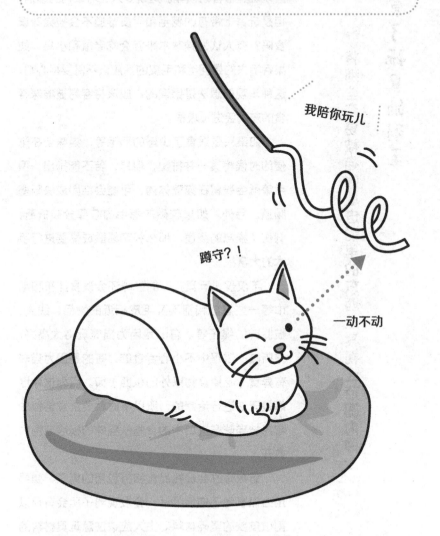

我陪你玩儿

蹲守?!

一动不动

野生猫咪狩猎时会在猎物的巢穴附近进行伏击。对于猫咪来说"玩耍等于狩猎",一动不动但却紧盯着运动的绳子是其在等待一跃而起捕获猎物的机会。

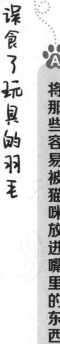

误食了玩具的羽毛

A 将那些容易被猫咪放进嘴里的东西从其视线范围内挪走

　　因为猫咪会啃咬或击打自己很喜欢的玩具，所以玩具很容易损坏。这是令人无可奈何的事情，但是玩具上带有的羽毛和毛皮难道不会被猫咪误食吗？有人认为猫咪本来就会吃老鼠和小鸟，如果吞下去的是羽毛和毛皮的话应该不需要担心吧，这种乐观的想法是错误的。应该将容易被猫咪吞食的东西丢进垃圾桶。

　　如果只是误食了少量的羽毛等，猫咪会在排便的时候将其一并排出，但是，若不能排出，羽毛等就会残留在猫咪体内，可能会结团成块阻塞肠道。另外，如果较硬的羽毛内芯部分被折断，刺伤了猫咪的肠道，那么很容易酿成需要进行手术的大事故。

　　不仅仅是玩具，有的猫咪还会误食抹布和毛巾等一些触感和羽毛及毛皮相近的物品、线头、被撕碎的绳子等。有的是因为猫咪玩得太高兴，在撕咬的过程中不小心吞食的，有的是因为猫咪有异食（吃掉食物以外的东西）癖。因为这种怪癖是无法进行治疗的，所以平时就要注意将那些容易被猫咪塞进口中的食物从猫咪的视线范围内拿开。

　　猫咪有时会玩礼品盒和打包用的绳子，如果用力抓紧绳子拖拽的话，会发现绳子里会有足以割破皮肤的坚硬材料。主人应该注意玩具材料的挑选。

注意玩具的材料

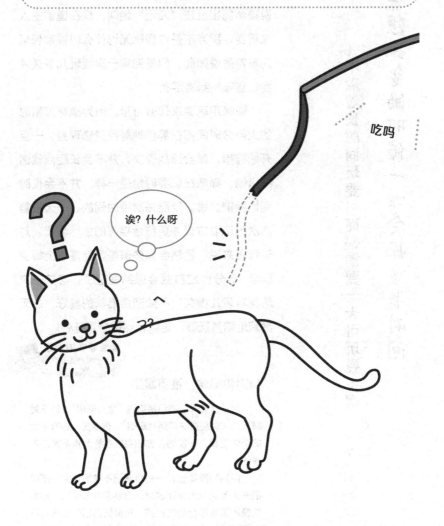

吃吗

诶? 什么呀

如果猫咪误食了制作玩具的羽毛和毛皮,可能会无法将其排出体外,从而在体内结团成块堵塞肠道等。有的猫咪也会误食线头、被撕碎的绳子等。

猫咪想玩耍的时候一次会玩多长时间

A 并不需要长时间玩耍，而是需要一天可玩耍多次

对主人来说，和猫咪玩耍是无比幸福的时刻。和幼猫以及小猫玩耍尤其令人喜悦！如果说猫咪露出肚皮"喵喵"地叫，是在邀请主人来玩耍，那岂不是说猫咪无论什么时候都想玩儿吗？虽说如此，但是究竟一次要玩儿多久才会让猫咪感到满足呢？

猫咪用玩耍来代替狩猎。因为猫咪狩猎时的大部分时间都在静静地等待猎物现身，一旦开始狩猎，就会速战速决，并不会长距离地追赶猎物。猫咪在玩耍时也是一样，并不会长时间地蹦蹦跳跳。反而每次短时间的、一天重复数次的玩耍方式才更符合猫咪的生活习惯。对于猫咪来说，虽然会有些偏差，但基本上每次玩耍 15 分钟左右就会感到满足了。与其一次陪猫咪玩儿很久，不如迎合猫咪的喜好，每天频繁地陪其玩耍，更能让猫咪感到开心。

读懂猫咪的情绪
★ 要点和建议

狗狗和猫咪，谁更聪明

对于爱犬人士来说是狗狗"绝对聪明"，对于爱猫人士来说是猫咪"绝对聪明"，但事实上会有很大的个体差异，一般的狗狗和猫咪的智力水平是差不多的。

因为狗狗能记住一些猫咪记不住的技能，所以很多人就认为猫咪比较笨，但事实并非如此。根据头领的指令而行动的狗狗，和根据自己的想法而行动猫咪的习性不同，能否记住技能的差别是与生俱来的。

如果从大脑的构造和发达程度来看，我们认为猫咪在一岁半到两岁左右就已经掌握了某些知识。

每次和猫咪玩耍 15 分钟

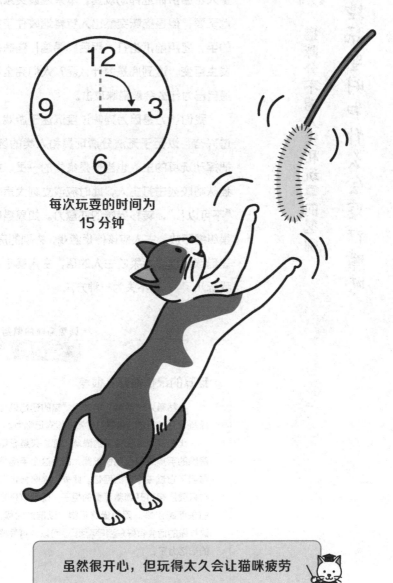

每次玩耍的时间为
15 分钟

虽然很开心，但玩得太久会让猫咪疲劳

开心地玩耍时为什么会突然啃咬

Ⓐ 猫咪分不清人类和玩具的区别

猫咪会飞扑向主人挥动着的玩具，活力四射玩耍的猫咪十分可爱。为了讨得猫咪的欢喜，主人也会拼命地挥动玩具。本来应该关系融洽地玩耍，但是猫咪突然出人意料地咬住了主人的手，还用前爪击打，用后脚踢踹！猫咪态度发生巨变，这到底是为什么呢？人们完全不知道自己为什么会被猫咪攻击。

我们认为是因为猫咪过度沉迷于游戏，太过兴奋，以至于无法分清玩具和人类的区别。把挥动玩具的主人也当作是猎物的一员。如果猫咪啃咬或击打主人，此时应该立刻大声呵斥"不可以！"，转移猫咪的注意力。如果猫咪还是纠缠不放，主人应该停止游戏，去别的房间，让猫咪记住"如果咬主人的话，主人就不会陪我玩儿了"，也不失为一种方法。

读懂猫咪的情绪
🐾 要点和建议

猫咪的记忆很好？很差

虽然有人"讽刺"地表示"猫的记忆只会保留 5 分钟"等，但猫咪并不是没有记忆力。

比如说，讨厌兽医的猫咪，哪怕只是看见医院的手提袋都会飞快逃跑，因为这个手提袋勾起了它过去不好的回忆。此外，猫咪肯定记得只要跳起打开锁着零食的柜子，就会有好吃的东西掉出来。因为猫咪记得"以前的时候，这样做的话会有好东西等着我"，可以说有很棒的记忆力了。

突然咬住是什么情况

突然被攻击时的应对方法

不可以！

啊呜

应对 1	应对 2
立刻大声呵斥"不可以！"，转移猫咪的注意力。	去别的房间，让猫咪记住"如果咬主人的话，主人就不会陪我玩儿了"。

第3章 "想玩耍"时猫咪的动作和姿势

在玩耍的时候突然奔向厕所！是憋不住了吗

被饲养的猫咪仍然残留着野生时代的习惯

刚刚还沉迷于游戏的猫咪却突然把玩具丢在一边，急急忙忙地冲向厕所！这种让人感到吃惊的匆忙，不禁让人怀疑难道是猫咪憋不住想小便了吗？真的是因为享受着游戏，直到自己憋不住了才奔向厕所吗？

如果经常看到猫咪冲向厕所，就会发现猫咪用猫砂将排泄物掩盖之后，并不会慢悠悠地离开。猫咪匆忙离开厕所，再次冲回原地点的事情常有发生。

猫咪之所以"冲向厕所然后冲出厕所"，是因为猫咪野生时代习性的残留。虽说是捕食动物，但猫咪有很多需要时刻提防的敌人。排泄物的味道会让敌人知道"我在这里"，这对它们而言是致命的。为了不让敌人知道自己庇护所的位置，猫咪会在远离自己藏身之处的地方排泄。但是，无论是在排泄时，还是在返回庇护所时，猫咪都不知道自己即将面对怎样的危险。因此，猫咪会匆匆忙忙奔向排泄的地方，为了不让味道散发出来，排泄完后再小心翼翼地用砂或土将排泄物掩埋，在此之后，猫咪又会匆匆忙忙地奔回自己安全的住所。即使是生活在安全的家庭中的现代猫咪，可能身上也还残留着祖先这种"往返厕所是很危险的，所以必须要速战速决"的习惯。

冲向厕所的秘密

正在玩耍的猫咪
冲向厕所

排泄

上完厕所后为什么
还要快速冲回

匆忙返回安全的住所
是野生习性的残留

擅长偷袭的猫咪，却不擅长应对来自上方的攻击

A 因为猫咪不会生活在可能会被从上方攻击的地方

如果从窗帘前通过，猫咪会突然跳出来抱住主人的脚脖子，主人可能以为猫咪在打招呼，但这很明显是猫咪在模仿狩猎。特别是当主人休闲地踱来踱去时，猫咪觉得主人的脚动来动去很有趣，于是一会儿抱着主人的脚，一会儿又离开。

平时都是猫咪抓住机会把主人吓一跳，但是偶尔也会有反过来的时候。比如说，因为主人没有看到猫咪的脚而不小心踩到猫咪的脚或尾巴时，猫咪一般会大叫一声"呀！"然后迅速逃跑。虽说这并不是一件什么了不起的事，常常被当作笑话一样一笑而过，但是运气不好的话，主人踩到猫咪后会导致猫咪受伤甚至是死亡。警戒心很强的猫咪为什么会轻易被人类踩到呢？

野生时代的猫咪主要生活在枝叶茂盛的树上。因为可以将自身藏匿于枝叶的阴影之中，所以几乎不用担心会被从上面攻击。虽然猫咪的胡须有引以为傲的敏感度，但是因为猫咪常生活在枝叶的隐蔽处，不需要担心来自上方的攻击，所以猫咪对头顶上方是不设防的。因此，猫咪不会注意来自上方的主人的脚，会被主人轻易踩到，痛得龇牙咧嘴。猫咪在身边的时候，主人要小心一点，避免踩到猫咪，防患于未然。

猫咪不擅长应对来自上方的攻击

警戒心本应很强的猫咪
却会被主人轻易踩到……

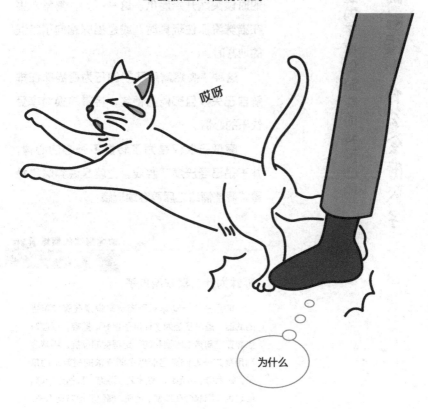

哎呀

为什么

因为野生的猫咪生活在树上，
所以不用担心来自上方的攻击。
因此，猫咪对身体上方是不设防的。

玩得正开心的时候为什么会磨爪子

A 磨爪子是为了享受游戏而转换心情

猫咪会突然飞跃起来，抓住主人抛出的玩具！会追赶运动的绳子碰到外侧旋转球！猫咪明明在活力四射地玩着游戏，却突然把爪子放到地板上，咯吱咯吱地开始磨爪子。难道是已经厌烦了吗？

如果仔细观察就会发现，在玩得正开心的时候突然开始磨爪子这种行为，常常发生在猫咪没抓住玩具时，或是猫咪跑向了错误的地方时。

这种"突然磨爪子"的行为是猫咪在排解自己失败且郁闷的情绪，将其转换为享受快乐的心情。

磨爪子仅仅是为了转换不开心的心情，并不是已经厌烦了游戏。也就是说猫咪是希望"调整情绪之后再继续玩哦！"

读懂猫咪的情绪

要点和建议

猫咪为什么喜欢磨爪子

磨爪子这一动作对于猫咪来说是在保养狩猎的武器。磨爪子是为了让爪子更好地抓握，以应对猫咪在拉动猎物时遭到的一定程度的反抗。猫咪会利用身边一些能满足磨爪子的需求的材料来磨爪子，如毛巾、绒毛地、软木塞、凉席、瓦楞纸板等。但是也有猫咪会在沙发、绒毯、墙壁等地方磨爪子。如果猫咪认为"在这里磨爪子很舒服"，就很难再阻止它了。因为猫咪讨厌光滑、黏糊糊的触感，所以在不想被猫咪拿来磨爪子的地方贴上黏糊糊的双面胶，或者贴上一层表面光滑的纸即可。

为什么在玩得正开心的时候突然开始磨爪子

没有抓到玩具

▼

调整失败郁闷的心情

▼

"磨爪子"

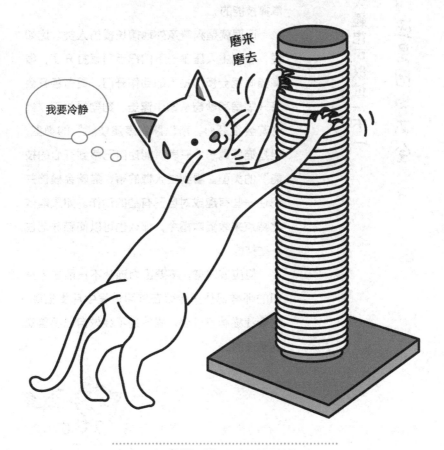

磨来磨去

我要冷静

Ⓐ 猫咪说「如果感兴趣也可以试一下」

狗狗们会根据主人"坐下！""停！""过来！"等指令来表演各种各样的才艺。这就像是主人和爱犬之间情感纽带的证明，所以养猫的人就有一点内疚。也有人会说"猫咪是记不住东西吗？"等一些不礼貌的话。虽然人们认为猫咪不会表演才艺、记不住指令，但是另一方面，也有猫咪属于动物演艺公司，并在电影中表现出不俗的演技，也有的猫咪会参加曲艺团等。教猫咪指令是需要耐心的，猫咪也是能掌握技能的。

证据就是猫咪意外地擅长模仿人类。比如说，看到主人压了一下门把手门就打开了，很多猫咪就会模仿主人的动作开门，更有甚者会打开隔扇和纱窗从家中溜走。狗狗是属于"被夸奖会很开心，所以愿意表演技能"的类型，但是猫咪属于"只表演能让自己感到开心的技能"的类型。看到主人做的事，猫咪会模仿并记住一些有趣或对自己有益的动作。如果能依此特点来教猫咪指令，那么也可以使猫咪记住一些技能。

但应该注意，不要因为猫咪不按照主人预想的那样记住指令就在练习过程中斥责猫咪，这会让猫咪不开心。猫咪是不会做自己不喜欢的事情的。

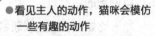

让猫咪掌握技能的秘诀

- 看见主人的动作，猫咪会模仿一些有趣的动作
- 如果在练习过程中斥责猫咪，猫咪就不会再练习

坐下

但是，需要充足的耐心

如果叫猫咪名字猫咪会回答吗

Ⓐ 通过给零食让猫咪来记住自己的名字

因为猫咪有时候会偷偷溜走，所以主人希望自己在"呼喊猫咪的时候能得到回应"。因为这是最简单的交流，所以大部分猫咪都是可以做到的。

比如说，给猫咪取名叫球球。在喊"球球"的时候，如果猫咪"喵"了一声，就应该抓住机会不断地重复"球球，喵"，并给猫咪一些小零食。如果喊了名字猫咪不答应，就不要给它小零食。

通过不断重复"球球，喵"的对话，猫咪就会将自己的名字和"喵"联系起来。于是猫咪就会记住在听到自己的名字时，若"喵"一声以作回应，就会得到小零食。

在不断的重复练习中，即使没有小零食，慢慢地猫咪也会做出回应。

读懂猫咪的情绪
🐾 要点和建议

猫咪能很好地理解人类的语言吗

实际上，猫咪能在某种程度上理解人们日常生活中的对话。

比如说猫咪能理解自己的名字或"吃饭""零食"等让自己感到开心的词语，也能理解"洗澡""外出"等让自己不开心的词语，所以猫咪会在听到某些词语时就跑到主人身边，而有时候则会逃离主人身边。与其说猫咪理解了人类的语言，不如说猫咪是通过人类的声音以及说话方式、语音语调来察觉人类的意图。

不管怎么说，猫咪有相当于人类一岁半到两岁的智力水平。

让猫咪听见呼喊就做出回应

让猫咪听见呼喊就做出回应的步骤

① 呼喊"球球"的时候，若猫咪回应"喵"，主人
　应立即重复"球球，喵"
② 同时给猫咪一些小零食
　猫咪没有回应"喵"的时候，不要给其小零食
③ 不断重复上述步骤
④ 猫咪会逐渐变成即使不给零食也会回应

球球

喵

猫咪会使用人类的厕所吗

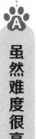

虽然难度很高但也不是不可能

　　最近在社交网络上出现了很多有着各种各样技能的猫咪。有人说"我们家猫咪有种技能可以让它火遍全球！"，那么是什么技能呢？是一种高难度的、如果猫咪做到了会让所有人都觉得"真棒！"的超厉害的技能。这项技能就是"使用人类的厕所大小便"。

　　首先将纸板切割成人类马桶的形状，然后将数个纸板粘起来增强强度，并把其覆盖在猫咪专用便池上。制作的时候注意不要让马桶座晃来晃去。如果"坐上去后马桶座就翻掉了！"，那么猫咪恐怕就不会再次尝试了。

　　如果猫咪学会了使用纸板做的马桶大小便，那就慢慢地将猫咪马桶靠近人类马桶。如果猫咪马桶已经非常靠近人类马桶，那就将人类马桶的盖子一直保持敞开。每天都将猫咪马桶垫高几厘米，并注意一定不要让其翻倒。直到猫咪马桶与人类马桶高度持平，且猫咪已经可以在这种高度上大小便之后，在人类马桶上铺上一层结实不易破的塑料薄膜坐垫，并注意不要让其从马桶座上滑走，最后放入猫砂。如果猫咪也已经学会了以这种方式上厕所，便可以撤走猫砂。用这种方法应该可以教会猫咪使用人类马桶了。

猫咪会使用人类的厕所大小便吗

利用纸板等做成马桶座的形状，
并将其覆盖在猫咪专用便池上
为了不让其摇摇晃晃，一定要紧紧固定

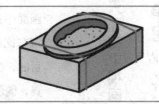

习惯了的话

将猫咪马桶靠近人类马桶
人类马桶的盖子保持敞开

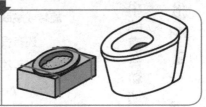

习惯了的话

不断垫高猫咪马桶
注意不要让其翻倒

习惯了的话

在人类马桶上
盖上一层塑料薄膜
并放置猫砂

习惯了的话

撤走塑料薄膜、猫砂，猫咪就可以
像人类一样使用马桶了

第3章 "想玩耍"时猫咪的动作和姿势

97

专注地看电视并发出叫声，难道猫咪能看懂电视

A 只是被电视画面中的声音和动作所吸引

主人看电视时，不知什么时候猫咪也坐在了电视机前，并且非常专注地看着电视。还会时不时伸出爪子摸摸电视画面或者喵喵地叫两声。

猫咪当然是无法理解节目内容的，它只是被画面中的动作所吸引。比如猫咪在看排球比赛、汽车比赛或足球比赛这种道具会动来动去的节目时，会像捕猎时一样目光追随着不断移动的道具，偶尔还会像抓捕猎物一样将爪子伸向电视画面。同样，有的"文艺系"猫咪喜欢看不断灵活旋转或跳跃着的交谊舞或芭蕾舞节目。

还有很多猫咪喜欢看自然节目。相比于看同样是猫科动物出没的画面，猫咪更喜欢看有小鸟"啾啾"声或有树木"沙沙"声的画面，因为可以感受到和狩猎时同样的气氛。并且为了抓捕在电视画面中出现的鸟、虫和老鼠，有很多猫咪会绕到电视后面进行伏击。

也有的猫咪不喜欢看电视，但是喜欢长时间地待在电视机上。理由之一就是因为猫咪希望坐到高处来宣告自己的优越性。因为在猫咪的世界中，坐的位置越高就代表其地位越高。还有一个原因是猫咪希望通过坐在主人每天都要看的电视上来吸引主人注意，猫咪是在说"不要看电视，看我！"。

猫咪看电视、待在电视上的原因

原因 ①

喜欢竞赛和排球
被画面中运动的东西所吸引

原因 ②

喜欢自然节目
小鸟的"啾啾"声和树木的"沙沙"声
让猫咪感受到了狩猎的气氛

原因 ③

喜欢待在电视机上
猫咪认为处于高位置的猫咪比
处于低位置的猫咪更具优越性

原因 ④

呼喊主人
"不要看电视，看我！"

一动不动

第3章 "想玩耍"时猫咪的动作和姿势

凝视着什么都没有的墙壁是因为能看见怪物吗

猫咪可以听到人类听不到的声音

猫咪一动不动地注视着墙壁或者天花板，那里什么都没有，也没有什么异常声音。但是猫咪仍然十分痴迷地看着，难道那里有什么人类看不见的幽灵或妖怪吗？很想问问猫咪："喂，那里有什么呀？"

担心也是没用的。虽说猫咪可能有某种……神秘的力量，但至少在这种情况下，猫咪只是能清楚地听到人类听不见的声音。不管是人类、狗狗还是猫咪，听到某些微小声音的能力其实并没有太大差别。但是在高音方面，人类最多可以听到 20 千赫兹，狗狗大概可以听到 40 千赫兹，而猫咪却远超人类和狗狗，可以听到高达 80 千赫兹的声音。

一直被猫咪视为猎物的老鼠等，在活动的时候会发出约为 20 ~ 90 千赫兹的高音。可能猫咪就是为了能准确定位出猎物巢穴的位置，才进化出一对能很好的听到高音的耳朵。猫咪的耳朵不仅可以面向左右，也可以转向前后来捕捉声音，是非常优秀的情报获取工具。猫咪可以通过两只耳朵听到声音的时间差、声音的大小来准确推断出自己与声音发出地之间的距离。猫咪之所以凝视着墙壁，难不成是因为墙壁那边有老鼠？

猫咪在看什么呢

凝视天空的猫咪
实际上正在听只有其能听到的音域的声音

听高音的能力
人类约 20 千赫兹
狗狗约 40 千赫兹
猫咪约 80 千赫兹

凝视

猫咪可以听到人类听不到的声音

对猫咪来说「我」是一种怎样的存在

猫咪想撒娇时可以尽情撒娇，但不想撒娇时即使主人喊破喉咙它也装作没听到的样子。刚刚猫咪还叼着玩具邀请主人"玩儿吧！"，但转头猫咪就厌烦了游戏，马上回到猫窝躺下。猫咪一会儿趴在主人的膝盖上抬着头喵喵叫，一会儿又缠着主人扑过去要吃零食，猫咪总是这样随意地玩弄主人的感情。

"我在猫咪心中到底是什么样的？"，这是主人无论如何都想问猫咪的一个问题。但即使猫咪能说人话，它的回答也会随着心情不断变化。如果是社会性很强的狗狗，它就会认为"对我来说，爸爸就是头领，妈妈就是母亲，哥哥就是玩伴，弟弟就是仆人"等，给家庭的每个人都划分清楚责任，并根据对象的不同表现出不一样的性情和态度。但是猫咪就会将主人认为"今天是容忍我撒娇的妈妈""今天是玩伴""今天是恋人"等，按照自己当时心情的不同，它"希望每个人的作用"也不尽相同。主人在猫咪心中的形象也会随此变化，一会儿是"妈妈"，一会儿是"恋人"，一会儿又是"玩伴。并且当猫咪不想理睬人时，主人对它来说就仅仅是"室友"般的存在。但是对于爱猫者来说，也许正是因为猫咪这种任性的性格，才会在猫咪撒娇时感受到双份快乐。

根据心情来划分主人的作用

今天是可容我
撒娇的妈妈

今天是陪我
玩耍的玩伴

今天是恋人

今天单纯就是
室友

猫咪会根据自己的心情
来赋予主人"应有的作用"

猫咪最不擅长应付活泼好动的小朋友吗

猫咪对无法预测的动作感到害怕、紧张

对于自由自在的猫咪来说最害怕的就是被不考虑自己感受的人一通乱摸、随意玩弄。

最有可能这样对待猫咪的就是小朋友。因此，几乎所有的猫咪都很不喜欢小朋友。对于小心谨慎的猫咪来说，如果旁边有一个自己无法预测其动作的人，它就会很紧张，以至于无法休息。比如说正沉迷于电视的猫咪处于一种毫无戒备的状态，却突然被抓住了尾巴然后开始被揉摸。对猫咪来说孩子们是一种无法预测其动作的存在。猫咪讨厌小朋友的另一个原因是小朋友的声音比大人更大。

相反，猫咪很喜欢那种从自己可以看见的方向慢慢走过来的、不会大声说话的温柔的人，在猫咪说"可以"之前不会随意抚摸它的人。有人说猫咪喜欢那些讨厌猫咪的人，这只是因为讨厌猫咪的人完全不在意猫咪罢了。

此外，相对于体型较大的男性来说，猫咪更喜欢体格偏小的女性，因为其带给猫咪的压迫感更小。猫咪头部的位置与站立的人类头部的位置相差很远。若换成人类的视角，想象一下身高 8 米左右的生物向自己伸出手的恐惧感以及突然被抓住的恐惧感。

猫咪讨厌小朋友的原因

原因 ①

不考虑猫咪的感受

原因 ②

一通乱摸、随意玩弄

原因 ③

因为无法预测其动作
而感到紧张

原因 ④

声音太大太吵

各种猫咪衍生商品

市场上有多种多样的新出的猫咪衍生商品。根据编辑部调查的结果，畅销的猫咪商品如下表所示。

猫咪枕头
有猫咪肉垫装饰的马克杯
猫咪形状的化妆棉
猫咪形状的抽纸盒
猫咪形状的盘子
装在猫咪形状的容器中的马桶刷

另外还有一些商品因为尚未被大众认知，所以还没有上市出售，但其需求不断增加。这些商品如下表所示。

带有自动传感器的招财猫架
放置于键盘前的肉垫形状的软垫
猫耳编织帽
猫咪主题的手机壳
招财猫形状的印章

注意确认！猫咪的身体是否健康

突然呕吐！难道是肠胃病

A 如果还有其他异常，应该带猫咪去医院就诊

猫咪呕吐并不少见。观察一下呕吐物吧。猫咪会呕吐出在梳理毛发时误食的毛发，也会在慌忙进食后因为被噎住而呕吐。如果呕吐完后猫咪依然活蹦乱跳，那就不需要过多担心。

但是如果还伴有"上吐下泻""每天都呕吐""没有食欲"等其他不适症状，那就要考虑患病的可能性（即使猫咪只是一天未进食，那也有可能患重病）。

首先确认呕吐物中是否混有异物和血块。尽可能带着猫咪的呕吐物去医院就诊。另外，最好尽可能详细地记录猫咪的状况，如猫咪是吃完立马就呕吐，还是过了段时间才呕吐？呕吐的时候是很痛苦地吐不出来，还是顺利地呕出呕吐物？每天呕吐多少次？呕吐量有多少？猫咪会流口水并伴有发热吗？

猫咪呕吐可能是因为肠胃病、肝脏及胰腺的病症、泌尿系统的病症、寄生虫和传染病、紧张情绪，也有可能是因为患肿瘤等疾病。呕吐实际上是各种病症的表现，如果能弄清楚猫咪呕吐时的状况及其他不适症状，便能更加准确地查明猫咪呕吐的原因。

呕吐出猫粮时……

呕吐出猫粮时确认以下几点

☐ 呕吐的同时伴有拉肚子
☐ 每天都会呕吐
☐ 没有食欲

即使只有一种上述症状，也有极大的患病可能

在去医院就诊时，
尽可能详细地告诉兽医猫咪的症状表现

☐ 吃完就吐 ☐ 呕吐量有多少
☐ 很难吐出呕吐物 ☐ 会流口水吗
☐ 顺利地吐出呕吐物 ☐ 伴有发热吗
☐ 每天呕吐多少次 ☐ 等等

下巴下面零星的黑色颗粒是什么

A 类似于人类的粉刺，要注意保持清洁且保持湿润

揉摸猫咪下巴的话，指尖会触碰到一些硬硬的东西。仔细看会发现猫咪的嘴巴下方有一些稀稀落落的黑色颗粒！虽然很想用力把结块抠下来，但是猫咪好像很讨厌这样。主人一般会认为这是不小心沾上脏东西了吧，于是就会用湿毛巾给猫咪擦拭干净，但会发现在同样的地方仍然还有黑色的东西，并没有擦拭掉……

这些星星点点的颗粒的真面目其实类似于人类的黑头。这是由于分泌过多的皮脂堵塞毛孔从而滋生细菌所引起的，也就是我们人类通常所说的黑头。并且它会和黑头一样会不断地长出来，无法根治。对于猫咪自身来说，只要颗粒不痛不痒，一般是不会注意到它们的。猫咪在吃饭喝水时很容易弄脏下巴下方，自己也很喜欢挠那一块地方。虽然初期的时候只会有一些黑色颗粒堵塞在毛孔处，但如果继续恶化，可能引起下巴开始掉毛和皮肤炎症等更严重的症状。

如果想要改善这种症状，保持清洁是最为重要的。不要用开水而应用温水浸泡的纱布擦拭黑色颗粒，使其变软后再将其轻轻抠出。绝对不要用力擦拭，也不要直接用手抠。在保持清洁的同时，也要注意保持湿润状态。如果采取了以上措施仍然没有好转的话，就要带猫咪去医院就诊。同时使用消炎药剂（抗菌药和皮脂抑制剂等），从而抑制状况的进一步恶化。

下巴下面黑色的颗粒？！

结块的真面目是"黑头"

分泌过多的皮脂会堵塞毛孔从而进一步繁殖细菌，如果持续恶化，可能会引起掉毛和皮炎。

其实是黑头

想要改善症状就要保持清洁

每天花 10 分钟给猫咪进行清洁
就能有效改善该症状。

不要用力擦拭，
也不要直接用手抠

擦擦

温水浸湿的纱布

明明频繁地跑厕所，却没有小便

A 做完去势手术后的公猫的肾脏和尿道更容易患病

猫咪频繁地跑厕所，也做出了小便的动作，但却什么都没有排出来。即使睡着了也不安稳，经常爬起来跑去厕所重复同样的动作。如果出现这样的状况，一定要注意！应该立刻带猫咪去医院就诊（注意是否患有尿结石）。

本来猫咪的肾脏和尿路就很容易患病。特别是公猫，如果做完去势手术，其患病的危险性则更高。因为猫咪尿道狭窄，所以很容易形成尿结石，如果是这种状况，则猫咪很难排出尿液。因为尿液排不出去，就会倒流积累在膀胱，进而导致尿毒症……小便对于排出体内多余的废弃物和毒素来说是很重要的。如果无法排出的话，则有可能影响肾脏的功能。如果猫咪两天以上不小便，甚至可能危及生命。如果发现猫咪"无法排尿"，则应立刻带猫咪去医院就诊。

为了避免此类危险，在平日的生活中就应该提高警惕。首先要给猫咪一些预防尿结石的食物，并让猫咪每天补充充足的水分。由于运动不足导致的肥胖也很容易引发尿结石，所以要经常陪猫咪玩耍，让猫咪锻炼身体预防肥胖。

主人要经常打扫厕所卫生，这一点也是很重要的。因为猫咪很讨厌脏兮兮的厕所！

无法排尿

如果发现猫咪"无法排尿"，则应立刻
带猫咪去医院就诊

猫咪的肾脏和尿道很容易患病。
特别是猫咪的尿道狭窄，很容易患有尿结石

无法排尿吗

无法排出的尿液

▼

累积于膀胱中

▼

导致尿毒症

猫咪两天以上不排尿，
则很可能危及生命

是

肥胖也是导致尿结石的原因之一

预防方法
- 将猫粮换为可预防尿结石的食物
- 让猫咪补充充足的水分
- 为了预防由肥胖导致的尿结石，要经常
  陪猫咪玩耍，让其得到充分锻炼

用力抓挠身上，难道是有跳蚤

A 皮肤瘙痒可能因为跳蚤、皮炎、内脏的疾病等各种原因

在梳理毛发时，猫咪突然伸出爪子使劲挠！就好像在说"啊，好痒好痒！"，难道是跳蚤在作祟吗？

初夏到深秋的这种高温湿润天气，非常适宜跳蚤生存。对于享受着舒适的环境的家养猫咪来说，现在连冬天也不能安心度过了。而且冬天也有冬天要担心的问题，比如电热毯会成为猫咪最佳的床铺等，我们需要防范电热毯上滋生跳蚤。

但是引起猫咪皮肤瘙痒的原因不仅仅只有跳蚤。主人应该扒开猫咪经常抓挠的地方的毛发，检查其皮肤状态，有时候即使扒开毛发也没有跳蚤逃走。扒开猫咪屁股和肚子上的毛发，如果发现零星分布有芝麻大小的黑点，则很有可能是跳蚤的粪便。既然有粪便，那就一定有跳蚤了。首先用宠物专用沐浴露给猫咪清洗全身，然后外用驱除跳蚤和壁虱的药，随后再观察一段时间（注意是否残留有跳蚤卵）。

另外，如果猫咪经常抓挠的地方发红发炎或者是掉毛，则猫咪可能患有皮炎。也有可能是猫咪在哪里弄伤了自己，导致皮肤红肿发痒和结痂的伤口发痒。皮屑是一种常见情况，出现皮屑也是理所当然的，但是也有可能是某种疾病的前期信号。

抓挠身体

使劲抓挠的原因	
跳蚤	高温湿润的天气适宜跳蚤繁殖，但即使是冬天，猫咪也无法安心度过
皮肤炎	如果猫咪皮肤发红掉毛，则可能患有皮肤炎
内脏的疾病	没有发现跳蚤且皮肤没有异常的情况下，则可能是内脏的疾病

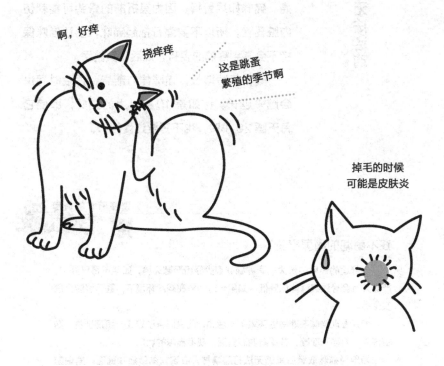

啊，好痒

挠痒痒

这是跳蚤
繁殖的季节啊

掉毛的时候
可能是皮肤炎

皮屑过多可能是生病的前期信号

一直蹲坐着无视玩具

A 可能是身体不适导致无法活动

"躲在角落里一整天都不出来""即使抚摸猫咪它也没有任何反应""喊猫咪的名字它既不回应，也不出来""即使挥动猫咪喜欢的玩具它也选择无视"……

虽然猫咪经常睡觉，但这种情况应该引起主人的重视！如果猫咪一整天都没活动，一动不动地蹲坐着，则猫咪可能是因为生病或者受伤而无法活动。

首先要温柔地抚摸猫咪全身，如果发现在抚摸到某处时猫咪有不适反应，则可能是该部位疼痛。猫咪如果骨折，因为其折断的骨头可能刺伤内脏器官，所以不要强行抱起猫咪，要让猫咪保持不会感到疼痛的姿势，然后带其就医。

随着年龄增长，猫咪体力渐衰，睡眠时间也会越来越长。比如是 10 岁以上的猫咪，即使它每天睡 20 小时，也不需要过度担心。

读懂猫咪的情绪
要点和建议

在不耐寒的南国出生

在舒适的环境中长大的家养猫咪很少经历严寒环境，如果不得已外出，严寒天气会导致猫咪体温降低，如果长时间待在寒冷环境下，甚至可能会危及生命。

如果发现猫咪在寒冷的环境下不活动，而是把身子蜷成一团蹲坐着，则应该立刻为猫咪取暖，并逐渐调高室温，观察猫咪的状况。

如果为猫咪取暖后其仍无法打起精神，应该立刻带猫咪就医。据说家猫的祖先是埃及的利比亚猫，其体质耐干耐高温，却不耐寒。

这种时候要注意

可能是患病或受伤

☐ 躲在角落不出来

☐ 即使抚摸也毫无反应

☐ 一动不动地蹲坐着

☐ 即使挥动猫咪喜欢的玩具它也选择无视

☐ 呼喊猫咪却没有得到回应

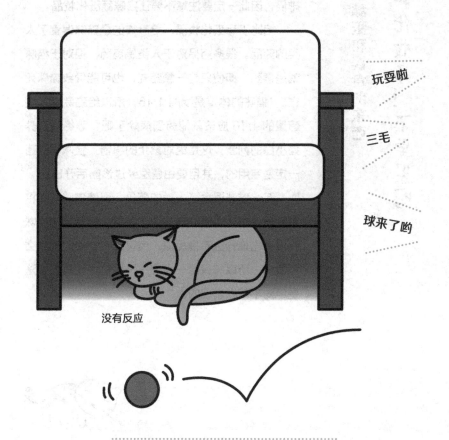

玩耍啦

三毛

球来了哟

没有反应

舔舐了人类的药品和化妆品！不要紧吗

A

一定要收好容易被舔舐和误食的东西

有些猫咪很喜欢舔舐刚擦了护手霜或化妆水的主人，这是因为猫咪喜欢化妆品的甜味和油分。但即使是全部使用天然材料和可食用成分生产的化妆品，在其说明书上也应该会注有"若不慎入眼或入口，请立即清洗，必要时刻请就医"这类提示语，也不可能说舔舐化妆品对人有好处。连体型较大的人类都不可以舔舐的东西，对于体型较小的猫咪来说，稍微摄取一点可能就会中毒。有些化妆品成分即使对于人类无害，也可能引起猫咪中毒或者难以排便，因此一定要注意不要让猫咪舔舐化妆品。

相比于舔舐化妆品，更恐怖的是猫咪误食了人类的药品。很多药品对于人类是良药，但对于猫咪就是毒药，即使只是一颗药丸，也可能导致猫咪死亡。"猫咪的体重是我的 1/16，所以给猫咪吃人类药量的 1/16 应该就能药到病除了吧"等绝对是养猫小白的判断，这是绝对禁止的事情。猫咪喝的药一定是专用的，并且要由兽医经过诊断后开出。

万一猫咪误食了人类的药品，即使猫咪随即将其吐出，主人也要立刻去咨询兽医。即使当时猫咪并没有出现什么不良反应，但可能在一段时间后突然发病，所以"只给一点点……"这种天真的想法是绝对不可以出现的。

禁止食用人类的药品

可能含有会引起猫咪中毒的成分和猫咪难以排出的成分

危 险

对于猫咪来说，最恶劣的结果是导致死亡。绝对不要给猫咪吃人类药品

也有很多误食烟蒂的事故

主人一定要收好容易被猫咪误食的东西。
万一猫咪误食了人类的药品，
主人应立刻咨询兽医。

喝了大量的水，是因为口渴吗

A 如果小便次数也有所增加，则应立刻带猫咪就医

被认为是家猫的祖先的利比亚猫咪生活在干燥的沙漠之中。现代的家养猫咪拥有和祖先一样擅于适应干燥环境的特性，如果食物内的水分充足，即使不给猫咪额外补充水分，猫咪体中也会存留有少量水分任其使用。为了充分利用体内水分，猫咪直到体内充满了需要排出体外的废弃物和毒素才会小便。因为猫咪的尿液中浓缩了废弃物和毒素，因此与狗狗相比，猫咪的尿液颜色更深、味道更浓。人类也是这样，在炎热的夏天大量出汗之后，尿液往往会颜色变深，味道变浓。这一点猫咪和人类是一样的。

所以如果猫咪出现大量饮水的情况，则可能是身体出现了状况。如果猫咪小便的次数也有所增加，则可能事态严重。猫咪可能患有膀胱炎或肾炎（肾功能下降）等泌尿系统的疾病，或者是糖尿病等内分泌系统的疾病。如果是母猫的话，则还有可能是子宫积脓症。因为不论是哪种疾病都有可能进一步恶化，所以要去咨询兽医。

如果将猫咪一直食用的湿猫粮换成干猫粮之后，因为食物中所含有的水分减少，所以猫咪也会多喝一些水来补充所需水分。另外，随着年龄的增长，因为身体机能老化，猫咪的肾功能下降，也可能会增加饮水量。

摄取水分较多的情况

**虽然因为身体老化导致肾功能下降，
猫咪可能会增加饮水量**

> 但是如果猫咪无节制地喝水，
> 且小便次数增加，则要引起主人注意。

可能的疾病

☐ 膀胱炎或肾炎（肾功能下降）等
  泌尿系统的疾病

☐ 糖尿病等内分泌系统的疾病

☐ 母猫可能是子宫积脓症

再来一杯

经常想喝新
鲜干净的水

漂亮

家猫的祖先是利比亚猫

因为生活在干旱地区，所
以拥有不需要过多水分的
特性。该特性被现代家养
猫咪所继承。

屁股使劲地在床上蹭

Q

A 当即检查猫咪的粪便，给猫咪擦拭屁股

如果猫咪在地板上蹭屁股，主人应立刻去厕所检查猫咪的粪便。猫咪粪便应该是软硬适中且成形的，如果粪便过软不成形或发硬且很难排出等，则有可能是因为屁股有所不适才在地板上蹭来蹭去，主人要检查猫咪屁股的状态。如果猫咪屁股周围有污渍，则用温水浸湿的纸巾擦拭猫咪，保持其清洁干净。即使污渍黏附太紧以致无法擦拭干净，也不要用蛮力使劲擦拭，应该用含有更多水分的纸巾湿敷在猫咪屁股上，在污渍被软化之后再擦拭。也可以用婴儿专用湿巾来代替纸巾进行擦拭，但考虑到猫咪过后可能会舔舐屁股，最好还是用被温水浸湿的纸巾。

另外，也有可能不是因为粪便的原因。猫咪蹭屁股也可能是因为离肛门很近的肛门腺中的肛门腺液过多所导致的肛门腺炎。这种情况下，因为猫咪不仅会蹭屁股，还会经常舔舐屁股周围，所以如果看见猫咪在地上蹭屁股，不要马上把目光移走，应该仔细观察其动作。有时候在地上蹭屁股并不是猫咪的目的，也有可能是因为猫咪后肢受伤疼痛导致无法走路，所以才利用屁股进行移动。

如果猫咪不是偶尔而是每次都用屁股走路，不仅会弄脏猫咪毛发，还极有可能患病。所以立刻带猫咪就医是非常重要的。

用屁股走路的话

如果是为了把屁股周围所残留的
粪便蹭掉的话

▼

在屁股有污渍的情况下，用温水
浸湿的纸巾为其擦拭干净

肛门腺炎的情况
下，会蹭屁股并
会舔舐屁股周围

▼

迅速带猫咪就医

A 若持续三天以上则需当成便秘应对

猫咪在厕所努力的样子与人类一样，恐怕无法排便的痛苦也是同样的吧。

和人类一样，如果猫咪压力增大也很容易出现便秘的情况。挑食、饮食过度、运动不足也会导致便秘。如果猫咪持续三天以上没有排便，应多给猫咪吃一些水分含量较多的湿猫粮或是富含较多卵磷脂的食物（蛋黄），也可以给猫咪一些混有少量色拉油或泻药（化毛膏）等促进排便的食物。

还有一种方法就是给猫咪揉肚子。在抚摸猫咪的时候顺便在猫咪的肚子上以画圈的方式轻轻地按摩，从而刺激猫咪的排便更加顺畅。

另外，也有可能是因为猫咪在梳理毛发时误食的毛发在体内纠缠成较大的毛球，造成肠道堵塞，从而影响猫咪正常排便。因此，主人应该经常为猫咪梳毛，防止毛球给猫咪造成伤害。梳子不仅仅可以把猫咪梳妆打扮得美美的，也可以帮助主人更深刻地了解猫咪的健康状况，所以一定要经常为猫咪梳毛。当然，消化系统的疾病、泌尿系统的疾病、蛔虫等寄生虫都会使猫咪排便困难。如果发现猫咪无精打采、食欲不振，要仔细确认猫咪是否有除便秘以外的不适状况，如果猫咪出现了其他值得注意的症状，应及时带猫咪就医。

使猫咪排便顺畅的东西

便秘的原因	治疗便秘法
压　力 挑　食 饮食过量 运动不足	☐ 给猫咪吃湿猫粮 ☐ 给猫咪吃富含卵磷脂的食物 ☐ 在食物中混合少量色拉油

……嗯

也有可能患病

消化器官的疾病
泌尿器官的疾病
蛔虫等寄生虫

仔细确认猫咪是否有便秘之外的不良状况
如果出现令人在意的症状应及时就医

肉垫被汗浸湿，是因为房间太热了吗

A 手心出汗是因为压力

猫咪的四肢是十分敏感的传感器。因此它们很讨厌不必要的触碰，但对于喜欢猫咪的人来说，猫咪的肉垫却具有让人无法抗拒的魅力。主人最好偶尔摸一摸猫咪的肉垫，不仅是为了自身的乐趣，也是为了检查猫咪的健康状况。

肉垫的触感一般情况下是干净清爽的，但偶尔也会出现被汗浸湿的情况。因为肉垫是猫咪为了调节体温而用来排汗的地方，所以肉垫如果只是湿润的程度的话，则纯属正常。

但是如果猫咪的肉垫完全被汗水浸湿，那就不是因为气温过高而进行的排汗，而是压力过大所导致的冷汗。人类如果过于紧张，腋下和手心会大量出汗，比如在"道路施工的噪音令人害怕""被难对付的人强行拥抱"等时候，猫咪也会因为极度紧张而大量出汗。这是人类和猫咪出乎意料的共同点。

读懂猫咪的情绪

要点和建议

中暑的危险性

祖先为居住于沙漠的利比亚猫咪的家猫虽然非常耐高温，但却不擅长应对湿度高的气候，所以在高温湿热的夏天，如果将猫咪关在通风条件差且闷热的房间内，则猫咪很可能中暑，甚至因此丧命。

如果猫咪出现"流口水""不断地吐舌头且呼吸沉重""精疲力竭"等症状，应将猫咪转移至通风良好且更加凉快的地方，并用被冷水浸湿的毛巾包裹猫咪全身。将保冷剂等放置在猫咪的脖子后面或腋下也能起到一定的作用。

检查肉垫状况

猫咪前足的肉垫

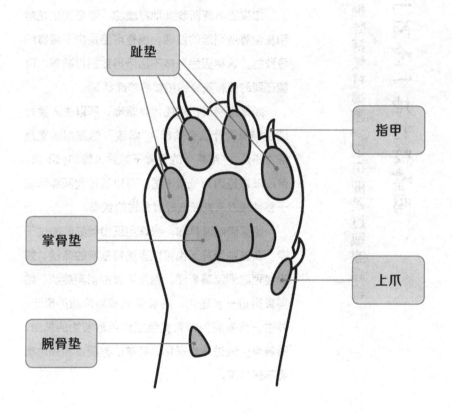

趾垫

指甲

掌骨垫

上爪

腕骨垫

若只是湿润的话则属正常排汗。
如果肉垫被汗水完全浸湿，
则是因为压力导致出冷汗。

A 如果猫咪持续打喷嚏，则可能是过敏或感冒

猫咪有时候也会打喷嚏，鼻子中若进入灰尘就会瘙痒难耐，然后"阿嚏"打一个大喷嚏，有时候还会流鼻涕。

猫咪接触到具有刺鼻臭味的氯气系列的洗涤剂等，也会导致猫咪打喷嚏。

如果猫咪断断续续地打喷嚏，则可能是花粉和灰尘等所引起的过敏，也有可能是由于感冒所导致的。这种因为身体不适所导致的打喷嚏，可能还同时伴有流鼻涕和发热等症状。

如果是感冒，则还伴有咳嗽，所以主人要弄清楚猫咪为什么会咳嗽。"咳咳"的激烈咳嗽是喉咙不适，"喀喀"的轻微干咳是气管和肺不适，带痰咳嗽是因为气道不适，可以通过判断猫咪属于哪种咳嗽来判断其呼吸器官的状态。

如果猫咪流鼻涕，应该用纸巾帮猫咪擦拭干净，在这种情况下也可以弄清楚猫咪的症状。如果是短时间流清鼻涕，则是鼻炎的初期症状。如果鼻炎进一步恶化，则会变成较为浑浊的鼻涕，并进一步发展为带有黄色或绿色附着物的鼻涕。随着鼻炎的进一步恶化，鼻涕的黏稠度和颜色都会不断加深。

猫咪的喷嚏、咳嗽、鼻涕

时断时续的打喷嚏

可能的原因

☐ 感冒
☐ 灰尘、花粉等导致
　 的过敏

阿嚏

感冒的情况下

咳咳

**感冒时会伴有咳嗽，
应弄清楚猫咪咳嗽的种类**

☐ "咳咳"的激烈咳嗽是因为喉咙不适
☐ "喀喀"的轻微干咳是因为气管和肺不适
☐ 带痰咳嗽则可能是气道不适

**流鼻涕的情况下
应该检查鼻涕的状态**

☐ 清鼻涕是暂时的，是鼻炎的初期阶段
☐ 鼻炎恶化鼻涕会变浑浊
☐ 鼻炎进一步恶化，鼻涕中会带有黄色
　 或绿色附着物

吸溜

即使是感冒，也最好在症状初期尽快带猫咪就医。

第4章 注意确认！猫咪的身体是否健康

猫咪流口水，是因为肚子饿了吗

A 如果不是空腹的话则是因身体不适，应确认口腔内部情况

猫咪会流口水。主人很容易会想到"难道是发现什么好吃的东西啦？"，但实际并非如此！猫咪和狗狗不同，即使将食物放到未进食的猫咪面前，它也不会流口水。口水则表示猫咪患了某种疾病或是身体不适。

首先让猫咪张开嘴确认其口腔内部的情况。可能是因为误食的异物刺伤了口腔内部导致猫咪流口水。如果本来是粉红色的牙龈肿成了红色并散发出腐烂的恶臭味，则有可能是牙周病、牙龈炎或口腔炎。如果口腔黏膜明显糜烂，则可能患有艾滋病或白血病，如果无法自行判断，应立刻带猫咪去医院就诊。

另外，如果猫咪在流口水的同时还伴有呕吐，则是因为误食或食道异常。如果呼吸急促则猫咪可能中暑。相比于继续观察猫咪的状态，最好是尽快带猫咪就医。

读懂猫咪的情绪
❀ 要点和建议

猫咪也会得虫牙或牙周病

对人类来说，虫牙和牙周病是很恐怖的。猫咪其实也会有虫牙和牙周病。

如果猫咪患有牙周病，则牙龈会发炎，且在吃硬物时会有明显痛感。因为一动嘴就会痛，所以猫咪的食欲会逐渐降低，进而导致体力丧失。如果症状进一步恶化，则只能给猫咪拔牙。如果发现牙周病的征兆，应尽早带猫咪去医院接受治疗。

流口水是生病和不适的前兆

症状	可能的原因
牙龈红肿且伴有腐烂的恶臭	可能是牙周炎、牙龈炎或口腔炎
口腔黏膜明显糜烂	可能是猫咪艾滋
流口水的同时伴有呕吐	误食或食道异常
流口水的同时呼吸急促	可能是中暑
开始吹泡泡	极有可能是中毒或癫痫发作，属于紧急事态，应立刻带猫咪就医

口腔炎

猫咪艾滋

牙周病

哗啦

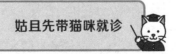

姑且先带猫咪就诊

A 不论是人类还是猫咪，香蕉形的大便才是健康的象征

检查猫咪的身体状况中不可缺少的一项就是检查猫咪的排泄物。有人说，如果是人类，"健康的条件是吃得好，睡得香，拉得快"，这三点对于猫咪的健康来说也是至关重要的。硬度适中且形似香蕉的大便才是猫咪身体健康的标准。

在铲屎时，如果发现猫咪大便不成形，则要仔细观察猫咪的身体状况。如果猫咪神采奕奕，食欲没有出现异常，即使偶尔一两次出现大便不成形的情况也无需过多担心。

导致猫咪腹泻的原因有很多，压力过大、更换猫粮、吃饭时狼吞虎咽等都可能导致猫咪腹泻。

但是，如果猫咪在腹泻的同时伴有呕吐，则可能是胃功能太弱导致的消化不良。这时应该让猫咪吃含有较多水分的湿猫粮而不是干猫粮，并仔细观察猫咪的状况。如果即使如此，猫咪仍旧连续出现大便不成形的状况，可要考虑猫咪可能患了某种疾病。比如说，如果猫咪的大便发白且含大量水分，则小肠异常；如果猫咪的大便柔软且其中混有血迹，则大肠异常。柔软且发黑的粪便表明猫咪患有病毒性感染或急性腹泻，证明猫咪肠内的黏膜有损伤。有时候猫咪的大便中也会混有寄生虫。在带猫咪去医院就诊时，记得带上猫咪刚排出的大便。

大便是健康的风向标

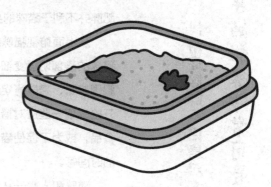

偶尔有一两次大便松软的情况，如果猫咪依旧神采奕奕且食欲无异常则不必担心

压力导致腹泻

- ●如果腹泻的同时伴有呕吐，则可能是胃功能过弱
- ●如果猫咪连续大便松软，则可能患有某种疾病
- ●在带猫咪去医院就诊时，记得带上猫咪刚排出的大便

胖乎乎的猫咪非常可爱呢

代谢症候群不论是对人类还是猫咪都是有百害无一利

苗条的猫咪、圆滚滚的猫咪、长尾巴猫咪、短腿猫咪等，每只猫咪都有不同的个性和特点，虽说猫咪的可爱之处千差万别，但应注意过于肥胖并不利于猫咪的身体健康。

从上面俯视猫咪的身材时，如果无法看出猫咪的腰部明显变细且腹部两侧向外凸出，从腰围来看，猫咪肯定超过了标准值。这时应该开始采取一些应对措施，例如把猫粮换成减肥食品，或为了促使猫咪运动而增加陪猫咪玩耍的时间等。

猫咪和人类一样，肥胖会导致其动作变缓且柔韧性变差。猫咪因为身体过重而不想动，进而会陷入运动越来越不足的恶性循环。支撑过重的身体会给猫咪的四肢造成负担，很有可能导致关节炎等疾病。肥胖绝对是有百害而无一利的。

读懂猫咪的情绪
要点和建议

生活在室内的猫咪好像很可怜

从前，猫咪是被放养在室外或者可以自由出入家门的，但随着交通事故的增加和猫咪艾滋的进一步扩散，现在，特别是在城市中，最好将猫咪饲养在室内。

有人认为在室内饲养猫咪违背了猫咪的生存方式，觉得它们很可怜。但作为家猫来说，为了与人类和谐相处，也为了避免事故和患病的风险，在城市中将猫咪饲养在室内是极有好处的。室内饲养的猫咪寿命更长，这是无可争辩的事实。但缺点在于，与在野外生活的猫咪相比，室内饲养的猫咪很容易运动不足。

肥胖有百害无一利

肥胖的风险

- 会对四肢造成负担，很可能导致关节炎等疾病
- 内脏器官会超负荷，可能导致心脏等器官患病
- 会患糖尿病和肝脏的疾病，且在此影响下很容易得传染病

● **利于猫咪运动的东西**

可以爬上爬下的家具

猫爬架

蹲

为什么要左右摆头

检查猫咪耳朵的状况，及时发现问题

如果是在猫咪发现了虫子并试图驱赶的时候，或是在猛扑向玩具的时候，即使猫咪左右摆动脑袋，也是没有什么问题的。

但如果猫咪不仅摆动脑袋，还用爪子抓挠耳朵，则可能是有虫子钻进了耳朵导致猫咪不舒服，所以才左右晃脑袋。

首先要检查猫咪的耳朵内部。如果有虫子钻入，调暗室内灯光，并用手电筒照射猫咪耳朵，虫子会随着光源自然而然地爬出来。注意不要让猫咪用爪子去强行挤压虫子。

另外，如果猫咪的耳朵中有发黑且干干的耳垢或湿润的黑色耳垢，则是因为猫咪身上存在有耳螨或马拉色菌（一种细菌）等。因为可能传染给其他的猫咪，所以如果饲养了多只猫咪，应该将长耳螨的猫咪进行隔离。此外，虽然可能会呈现出白色、茶色或黑色等各种各样颜色的耳垢，但湿润的耳垢可能表示猫咪患有外耳炎。不论是哪种情况，若继续放置不管，则可能导致猫咪出现听觉障碍，所以应尽早对猫咪进行治疗。这类耳朵的疾病，可以通过检查耳朵的状况尽早发现。一定要留心为猫咪定期检查耳朵。如果猫咪耳朵上有污垢，应将其清洗干净。用棉签蘸上宠物专用洗耳液，轻轻擦拭猫咪的耳朵，注意，不要用棉签捅耳道。如果是耳朵下垂的苏格兰折耳猫，因为耳朵透气性欠佳，所以要经常检查猫咪的耳朵状况。因为可能患有其他疾病，所以应尽快带猫咪去医院就诊。

摆动脑袋的时候应检查猫咪的耳朵

检查耳朵的时候

- 如果有发黑且干干的耳垢，则猫咪可能有耳螨
- 湿润的耳垢则可能是外耳炎

蘸有宠物专用洗耳液的棉签

定期清理耳朵

虫子进入耳朵的情况下

将耳朵面向有明亮光线的地方，虫子会自行爬出

摆动脑袋且走路也摇摇晃晃的情况下

可能患有严重的疾病，应尽早带猫咪就医

▼

很有可能是脑部出现异常

耳朵的疾病可以通过清理耳朵来尽早发现。
要定期清理耳朵！

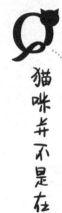

猫咪并不是在洗脸，而是在揉眼睛

A 为了不让猫咪抓挠眼睛，应该按兽医的处方开眼药

　　如果因为灰尘等入眼导致眼睛疼痛，猫咪就会揉眼睛。但是，越揉反而会越伤害眼睛，导致疼痛加剧。为了不让猫咪抓挠眼睛，应抓住猫咪的爪子，等待灰尘随眼泪流出眼睛。在此之后，仔细检查猫咪的眼球，确认猫咪的眼睛是否受伤。如果有任何异常，应该带猫咪去医院就诊。如果要使用眼药水的话，不要给猫咪使用人类用的眼药水，而是请兽医开猫咪专用眼药水，并严格遵循使用方法。

　　除了灰尘入眼等造成的短暂性疼痛和瘙痒之外，也有可能是结膜炎和角膜炎等造成的瘙痒，导致猫咪揉眼睛。另外，如若饲养了多只猫咪，用前爪击打或抓挠这种猫咪之间的打架行为，也经常导致猫咪眼睛受伤。如果猫咪眼睛持续充血且发痒，则原因可能不在于此。首先要解决的问题就是先不要让猫咪揉眼睛。如果给猫咪戴上伊丽莎白圈，便可安心。因为病毒性结膜炎可能传染给其他的猫咪，所以如果饲养了多只猫咪，应该对患病猫咪进行隔离。

　　波斯猫眼睑内翻的情况较多，所以过长的毛发很容易扎进眼睛，要特别注意其眼睛的病症。

如果发现猫咪揉眼睛

检查猫咪的眼睛，异物入眼的情况下

为了不让猫咪揉眼睛应抓住猫咪的爪子，给猫咪使用猫咪专用眼药水（绝对不可以使用人类用的眼药水）然后等待异物随着眼泪流出眼睛

一定要使用
猫咪专用眼药水

也可能是结膜炎、角膜炎以及打架所导致的眼睛受伤

如果不是暂时性的，应立刻带猫咪就医，为了不让猫咪揉眼睛，给猫咪戴上伊丽莎白圈（动物用的保护器具），便可安心

如果猫咪咳嗽的话，主人也会感冒吗

A 猫咪和人之间的传染，如果主人注意防护基本是可以防护的

主人和猫咪患上同样的病并不是什么少见的情况。比如说通过空气传播的结核病，如果猫咪感染结核菌患上结核病，则主人也极有可能患上结核病。

最常见的就是猫咪身上的跳蚤。经常会有跳蚤从猫咪身上跑到主人身上从而引发跳蚤过敏，让主人深受瘙痒的困扰。除此之外，猫咪身上的螨虫、蛔虫和病毒等各种细菌或寄生虫都会传染给主人。但事实上，若平时多加注意，这些几乎都可以预防。刚才所说的结核病那种可通过空气传染的疾病是很少的，几乎都是通过抓挠、唾液之类的接触传染导致患病。如果人类注意防范的话是可以切断感染路径的。

那么具体应该怎么做呢？首先就是要保证所饲养猫咪的健康和干净。为了不让跳蚤和耳螨繁殖，不仅要为猫咪梳理毛发，为了不让被跳蚤和耳螨当作食物的毛发和头皮屑、灰尘沉积，也应定期对房间进行打扫和消毒。应该避免与猫咪过于亲密的接触，比如不要嘴对嘴给猫咪喂食。如果因为猫咪太可爱了而不自觉地做这种事，则细菌可能会通过唾液传染给人类。另外，在收拾完猫砂盆之后，一定要认真洗手。如果不小心被猫咪挠伤，一定要及时进行消毒。

为了不被猫咪传染疾病

预防的第一步就是保持清洁

- 保证猫咪的健康和清洁
- 为了不让跳蚤等繁殖，应定期对房间进行打扫和消毒
- 不要嘴对嘴对猫咪进行喂食
- 收拾完猫砂盆后，要认真洗手
- 如果被猫咪挠伤，一定要对伤口进行消毒

A 猫咪很难搞定的部分需要主人帮忙梳理

因为猫咪十分在意自己的外表，所以猫咪会将自己不留死角地舔干净，保持清爽状态。但是也有猫咪自己舔不到的地方，这些地方很容易变脏。有很多地方猫咪都舔不到，特别是脸上。这时候就要借助主人的手，定期为猫咪进行清理。

首先就是眼屎，把用温水浸湿的棉布或纱布缠绕在手指上，然后开始清理！将眼部周围的眼屎轻轻地擦拭掉，如果无法一次清理干净，就换用新的纱布和棉布再次进行清理。如果用同一块纱布同时清洁右眼和左眼，很容易将一只眼睛的疾病转移传染至另一只眼睛，所以清洗完一只眼睛之后，一定要换成新的纱布再清洗另一只眼睛。

接下来就是鼻子。如果鼻子中有鼻垢的话，将浸湿的纱布和棉布折叠，然后用折叠后形成的角轻轻地将鼻子中的脏东西掏出来。如果鼻垢藏得过深而强行取出的话，很容易伤到鼻子的黏膜，所以只清理鼻孔周围肉眼可见的鼻垢即可。

清理牙齿时，用手捏住猫咪的嘴角以使猫咪张嘴，然后将缠有纱布的手指伸入猫咪嘴中，轻轻地对牙齿和牙龈进行按摩。很多猫咪不喜欢刷牙，可以通过让猫咪在幼猫时期就养成刷牙的习惯来预防虫牙和牙周病。至少每两天就要给猫咪刷一次牙。

希望主人帮忙清理的猫咪

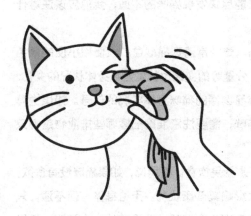

眼睛的清理

①将浸湿的棉布或纱布缠绕在指头上

②轻轻擦拭干净眼屎

③清理完一处应该更换新的纱布和棉布

④清理完一只眼睛应该更换新的纱布和棉布

说"啊~"

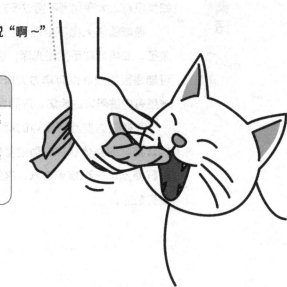

牙齿的清理

①捏住猫咪的嘴角使其张嘴

②用缠绕有纱布的指头轻轻按摩猫咪的牙齿和牙龈

A 建议通过身体接触来消除猫咪的紧张情绪

对于主人来说，当作孩子来照顾的可爱的猫咪的健康是无比重要的。万一猫咪出现身体不适的情况，如果能及时应对就可以防止病情进一步恶化。那么为了能尽快发现猫咪的不适，我们应该注意什么呢？

首先，要经常清理猫砂盆。大便和小便的颜色和气味、分量等的变化也就是猫咪身体状况的变化。这是最容易读懂的猫咪身体状况的信号。如果饲养了多只猫咪，需要注意准确把握哪些排泄物是哪只猫咪的。

接下来就是饮食。不用说，如果猫咪没有食欲，则会大大影响其健康状况。无论身体有何不适，只要猫咪尚未丧失食欲就说明没有什么大问题。如果猫咪"没吃完"或"吃太多了"，主人不要亦喜亦忧猫咪的每一餐，而是应该观察猫咪近三天的总食量，如果没有太大变化则不需过多担心。

猫咪能够无微不至地给自己梳毛也是其健康的象征。如果猫咪毛发无光泽，给人一种脏脏的感觉，可能是因为猫咪没有精力去梳理毛发，也可能是猫咪患有内脏器官的疾病，进而导致其毛质不佳。

在抓住这些检查要点的同时，主人最好能亲手确认猫咪的身体状况。通过身体接触，一边与猫咪进行交流，一边检查猫咪，这对猫咪的心理健康也是有益的。

可以简单操作的猫咪健康诊断

检查要点
□ 清理猫砂盆时，检查大便和小便的颜色、形状、分量等情况
□ 通过猫咪的进食状况来检查其食欲的有无
□ 观察猫咪毛发的光泽，检查是否有污渍
□ 通过身体接触来检查猫咪全身是否有疼痛之处

抚摸特别能消除猫咪的紧张情绪，
所以要养成每天坚持的习惯。

如果猫咪发热的话，需要检查三点

A 把握平时的脉搏和呼吸频率

当猫咪无精打采、食欲下降、身体发热时，主人应针对"脉搏""呼吸频率""体温"这三点检查猫咪。

首先是脉搏。最简单的方法就是将耳朵贴在猫咪的胸口直接听取心搏。每分钟 100 ~ 130 次属正常范围。

接下来是呼吸频率。让猫咪保持横躺状态，数猫咪胸口上下起伏的次数。每分钟 20 ~ 30 次属正常范围。

最后是体温。将人类用体温计测温的一端缠上保鲜膜，然后涂上橄榄油或婴儿润肤油，抬起猫咪的尾巴，将体温计插入猫咪肛门中。注意不要直直地插入，要稍微偏向背部那一侧，且能将银色的一端没入是理想深度。若猫咪乱动，则可能导致其肛门内部受伤，所以如果不能让猫咪老老实实地接受测量，最好不要强行进行。体温 38 ~ 39 摄氏度属正常范围。也可以从大腿根部测量，但与从肛门进行的测量相比，准确性较低。这种情况下，其正常范围与肛门所测得的体温相比会低 0.5 摄氏度。

此外，如果猫咪处于兴奋或紧张状态，经常会出现体温暂时升高、呼吸频率和心搏数增加的情况。这种情况下，当猫咪兴奋感褪去，其体温也会回到正常值。

当猫咪身体不适时检查三点

状态不佳时检查		
□ 脉搏	□ 呼吸频率	□ 体温

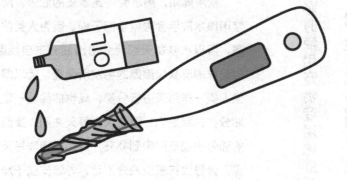

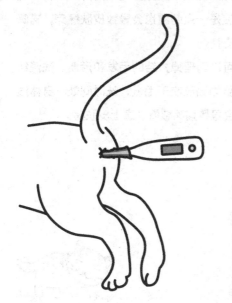

体温的测量方法

也可从大腿根部进行测量，但测量值可能不太准确，常比肛门的测值低 0.5 摄氏度。

▼

在体温计上缠上保鲜膜后涂上橄榄油和婴儿润肤油，测温一端（银色的部分）完全没入即可。

A 可以在洗澡时使用宠物专用沐浴露

几乎所有的猫咪都讨厌水。虽然猫咪很喜欢浴室温暖的感觉,但通常情况下绝对不喜欢洗澡!当然,也有极少数猫咪喜欢洗澡。

虽然洗澡可以消除疲劳、放松身心且有利于健康,但对于猫咪来说,不论多喜欢洗澡,如果过于频繁都可能会导致皮肤病等疾病。

众所周知,热水会带走表皮的油分,所以频繁用热水洗手会导致手部干燥。因为人类体毛较薄,所以皮肤每天都会分泌出油分来自我保护,但猫咪的皮肤被厚厚的毛发所覆盖,所以即使不像人类一样每天进行分泌,其也能保证一定量的油分。也就是说,即使人类每天洗澡,我们表皮的油分也能及时得到补充,但如果猫咪每天都洗澡,会导致其表皮油分不足,导致皮肤干燥。因为油分是保护皮肤不受外界刺激的屏障,若缺乏油分,即使是一点刺激也会导致皮肤瘙痒,猫咪容易挠伤皮肤。

洗澡可以清理掉打结的毛发和污渍。洗澡结束后一定要为猫咪吹干毛发,长时间处于身体湿透的状态会导致猫咪感冒及患上皮肤病。

频繁洗澡会导致皮肤病等疾病

热水会带走表皮油分

▼

如果猫咪身体油分不足，
会导致其皮肤干燥

▼

即使是一点刺激
也会让猫咪感到搔痒

短毛猫
●不需要洗澡
●可以偶尔进行一次短时间洗澡

长毛猫
●用宠物专用沐浴露洗澡
●清理打结的毛发和污渍

洗澡结束后一定要吹干毛发。长时间处于身体
湿透的状态会导致感冒及患上皮肤病。

A
减少用尿标记地盘、打架和离家出走的风险

虽然是否对猫咪进行去势或绝育手术的决定权在主人手里，但出于多种原因，大多数兽医会推荐进行手术。

首先，若不进行手术会怎样呢？猫咪在出生半年之后便会进入发情期，出生一年后便可妊娠。每年会出现3～4次发情期，处于发情期的公猫会出现在家中随地小便来标记地盘、整晚发出小孩哭泣般的嚎叫、性情暴躁地袭击主人等发情期特有的行为。母猫会在主人身上或是玩具上摩擦身体，并会边扭动身体边躺下打滚。虽然撒野、嚎叫、小便等多为公猫的行为，但无论公猫、母猫，最可能出现的问题就是猫咪会为了寻找配偶而从家中溜走。

防止具有强烈寻求配偶冲动的猫咪出走是非常重要的。如果猫咪出走，公猫会和流浪猫之间发生一场赌上性命的争夺战，极可能受重伤；母猫则极有可能怀孕。

即使是对于有经验的养猫老手，猫咪的分娩和幼猫的抚养也是困难重重的。猫咪一胎会生4～6只小猫，为这些小猫寻找新主人也极具难度。

猫咪为了寻找配偶会溜出家门

每年有 3 ~ 4 次发情期

专栏

猫咪的医疗保险

因为宠物没有公费医疗，所以其医疗费全部由主人承担。这会对家庭生计产生不小的负担，成为一大问题。

和人类一样，猫咪的老龄化问题也不断加剧，若猫咪出现痴呆、疾病或残疾，治疗费用和人类不相上下，所以不得不引起主人注意。每次上医院，若碰上住院、手术等情况，还会支出一些预算外的费用。

因此，买保险是一种未雨绸缪的行为。今后打算养猫咪的人最好提前开始做准备。顺便一提，猫咪常见疾病、症状如下表所示。

骨折
肿瘤
误饮误食
牙 周 病
尿 结 石

参保时，从 0~8 岁，根据猫咪年龄的不同，所需参保费用也有所不同，所以需要收集不同保险公司的保单。但是大多数人在参保后会在猫咪 8 岁时选择终身参保。

第 5 章

流浪猫 和家猫 的区别

A 参考猫咪的习性可增加偶遇流浪猫的概率

虽然我们家猫咪是最可爱的，但也想和其他猫咪成为朋友。激发出人们这种心理的便是那些在街上偶遇的流浪猫。即使只见过一面，再次路过同一地点时也会心跳加速地期待着"能再次碰到吗"。但是，出现这种想法的大多时候都不会再次偶遇。只有真正偶遇时的那种"幸运！"的感觉才是最独一无二的。也许正是因为这种稀缺感才让人们越来越喜欢流浪猫。

实际上，偶遇流浪猫概率较大的时间和地点都是有某种规律可循的，这正是基于猫咪天生的习性。首先，猫咪是一种划分领地范围，并在自己的领地中生活的动物。因此，在第一次偶遇的地方极有可能再次碰见同一只猫咪。只要看看家养猫咪就能明白，猫咪每天大多时候都会在喜欢的地方游荡。同样，流浪猫大多也会出现在自己喜欢的区域内。相比于大马路，猫咪更喜欢安静的小路、空无一人的公园以及人们无法触碰到的院墙顶端等一些让其能安心悠闲度过一天的地方。接下来就是时间问题了。猫咪会在每天的清晨和黄昏对领域范围进行巡视，这也是猫咪进食的时间。在这段时间内，猫咪为了寻找食物会到处溜达，所以偶遇流浪猫的概率会有所提高。如果希望偶遇流浪猫，我们推荐大家在此时间段散步。

偶遇流浪猫的时间和地点有规律可循

猫咪是一种划分领地范围并在其领地中生活的动物

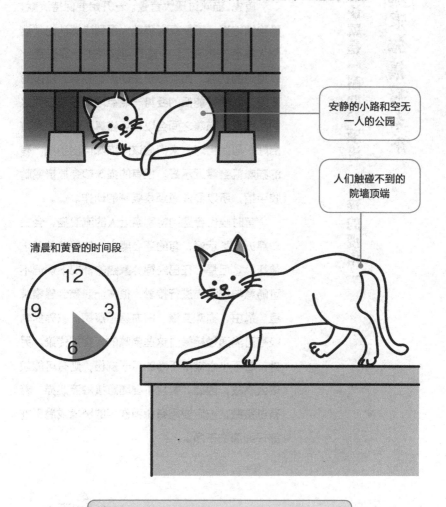

安静的小路和空无一人的公园

人们触碰不到的院墙顶端

清晨和黄昏的时间段

> 猫咪会寻找
> 能安心悠闲度过一天的场所

如何和流浪猫搞好关系

A 秘诀就是「耐心、渐进、以猫的视角」

顺利地偶遇流浪猫的情况下，若大喊"猫咪！"或是忙着拍照，猫咪多会瞬间逃离出人们的视线范围。要想和流浪猫搞好关系，最重要的还是要在尊重猫咪本来的习性的基础上活动。

首先，猫咪讨厌大音量。一开始要保持沉默，静静地待着，不要直视猫咪，直到猫咪认为"这个人不会伤害我"。一直等到猫咪主动靠近是比较理想的状态。如果想要主动靠近猫咪，应该弯下腰，以尽可能低的姿势一点点地缩短与猫咪之间的距离。猫咪之间会以相互碰鼻子的方式来打招呼，与此相对，人们应该向猫咪伸出手指，有的猫咪就会靠近示好，但有的猫咪却会抓挠或啃咬手指，所以要注意观察猫咪的动作。

有时候也会遇到特别亲近人的流浪猫，会主动靠近人类示好，有的还会爬上人的膝盖并渴求被抚摸。但是，在已经饲养家猫的情况下切记不可随意与流浪猫进行接触。很多流浪猫会感染跳蚤、螨虫、猫咪艾滋、白血病等疾病，家养猫咪极有可能通过接触过这些猫咪的人类被传染。另外，若不小心被不干净的爪子挠伤，则有可能酿成大事故，因此，暂且不要随意接触流浪猫。若有过接触，一定要用有杀菌作用的肥皂或消毒剂等仔细清洗干净。

等待猫咪主动靠近

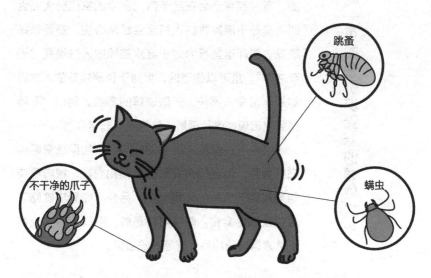

跳蚤

不干净的爪子

螨虫

在饲养有家猫的情况下
切记不可随意接触流浪猫。

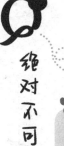

绝对不可以给流浪猫喂食吗

「看着好可怜，给它点儿吃的吧」可能会引发猫咪的领地之争

流浪猫大多都是空着肚子的。但是你知道吗，觉得猫咪"好可怜！"并给流浪猫一些食物的行为可能意味着抢夺了猫咪的领地。

比如说，若在公园里随意喂养流浪猫，则会招来一群流浪猫，常常会发生公园成为猫咪的猫砂盆这种事情。孩子们若触碰到了猫咪的粪便，则可能感染上寄生虫（注意防范肠兰伯式鞭毛虫、绦虫症、蛔虫症等一些异物寄生），也会出现公园中四处散发着恶臭味等问题，于是，常常会有城市决定"驱逐流浪猫"。

有人认为，若是自家宅院，则不必担心，大可随意喂养流浪猫，但其实不然，这样做也会对周围环境带来一定的问题。周围猫咪的排泄物会有所增加，有时猫咪还会在给予自己食物的家门前大喊大叫，有些不堪其扰的人甚至会怨从心生，想要杀掉猫咪。猫咪这些行为对于喜欢猫咪的人来说是"无奈之举"，是可以原谅的，但对于讨厌猫咪的人来说却是非常令人不快、无法理解的事情。他们"不希望猫咪出现在这片区域，认为猫咪非常麻烦"。

这并不仅仅是人类之间的问题，如果随意喂给猫咪食物，也会招来大量的乌鸦和老鼠，很容易使幼猫暴露于危险的环境之中。另外，如果猫咪吃了腐烂变质的食物，则很可能患病，所以只有在众多条件障碍被清除后才能喂养流浪猫。

公园会成为猫咪的公厕

对于讨厌猫咪的人来说是非常令人不快的

有些城市会得出"驱逐流浪猫"
这种令人遗憾的结论。

保护流浪猫活动是什么

以"让流浪猫也能安心吃饭睡觉"为宗旨，并展开流浪猫保护活动的团体遍布世界各地。为了能让流浪猫在某区域适应并生存，这些团体会进行各种各样的活动，比如讨论在固定的时间和地点投喂猫咪（包括收拾残羹剩饭）和收拾整理排泄物，不让猫咪进入不喜欢猫咪的人的家中的对策，对流浪猫的保护，实施去势或绝育手术等。几乎所有活动都是由志愿者团体的工作人员组织进行的，去势或绝育手术和猫粮等费用都是工作人员自掏腰包或来自于爱猫人士的捐助。

如果自己也想为流浪猫尽一份力的话，可以选择加入地方保护团体或者通过捐赠（也有团体接受除现金以外的小零食、猫粮等实物的捐赠）等方式加入现存团体也是个不错的选择。当然，单独一个人也可以展开保护活动。但是，如果想要开始保护活动，大多时候需要与周围居民或小区物业签订一些与保护活动相关的协议（喂养流浪猫的时间地点等）。若在规定之外的地方喂养猫咪，会出现以"不遵守约定"为理由关闭现有的喂养场地等情况，这样很容易产生摩擦。首先应该对该区域的猫咪保护活动进行调查，如果没有合适的团体，最好以其他区域的保护团体为参考，再开始流浪猫的保护活动。

为了让流浪猫也能安心吃饭睡觉

流浪猫的保护活动

- 在固定的时间地点喂食
- 收拾整理排泄物
- 流浪猫的保护
- 实施去势或绝育手术

如果想为流浪猫贡献一份自己的力量
最好参加现有的保护团体。

A 为了防止出现这种情况所需的准备工作和应该做的事

城市中的猫咪一般都饲养在室内，不仅是为了防止对附近的人造成困扰，也是为了保护猫咪免受交通事故、跳蚤、螨虫以及打架等造成的伤害，所以大家都推崇在家中饲养猫咪。即便如此，猫咪时不时从家中溜走的事情时有发生。因此，为了以防万一，在猫咪的项圈上系上写有联络方式的牌子、记录有主人信息的嵌入式微型芯片等准备工作是非常重要的。另外，为了不让猫咪从家中溜走，注意不要在猫咪在一旁的时候开关大门，也可以活用一些防止幼儿淘气用的、用于玻璃窗和纱窗落锁的装置。如果猫咪是溜出家门的惯犯，为了防止猫咪穿过栅栏之间的空隙或越过栅栏逃走，可以从房檐到地板都铺上防鸟用的网等。因为惯犯不仅会从家中大门逃走，还存在从高处跌落的风险，所以一定要提高警惕，封闭窗子和阳台。

万一猫咪溜出家门，应带着猫咪爱吃的零食、猫薄荷以及猫笼出去寻找猫咪。因为猫咪不会在短时间内离开太远，所以极有可能就藏在附近的某个地方。要重点搜索附近的汽车下面和建筑物之间的间隙等一些猫咪喜欢的、安静且狭小的地方。如果无论如何都找不到，应该立刻联系距离最近的动物保护中心和宠物医院，告诉他们猫咪的特征等，以此让对方发现相似猫咪后能及时联系自己。

很有可能隐藏在附近

猫咪不会在短时间内离开太远

车下

建筑物的
缝隙间

重点搜索安静、狭窄的地方。

A 适当满足猫咪外出的愿望，能减少猫咪出走的风险

对于曾经生活在野外的猫咪和时不时就喜欢从家中溜走在外玩耍的猫咪，之后也极有可能尝试再次溜走。不能因为猫咪接触了一次外面的世界，就完全禁止猫咪外出玩耍。猫咪为了溜出去会试图打破纱窗门或趁主人不注意从大门快速溜走，这是很危险的行为，所以为了满足猫咪外出的愿望，可以带猫咪出去散散步。

应该准备的事项有以下三点：1. 背心式或工字形牵引绳（虽说挂在项圈上也是可以的，但我们更推荐很难脱卸的背心式或工字形牵引绳）；2. 紧急情况时可以让猫咪进行避难的猫笼、猫包或者是宠物用手推车；3. 一点点小零食。

最好每天在固定的时间带猫咪散步。因为猫咪和狗狗不同，不会跟着主人进行活动，因此通过牵引绳和主人带引一边控制猫咪一边散步是很困难的。因为需要按照猫咪的步伐进行散步，所以至少要预留一个小时。虽然总体上都会按照猫咪的想法散步，但若猫咪进入草丛中，很容易沾染上跳蚤、螨虫或除草剂，所以主人要格外注意。另外，如果猫咪和狗狗以及流浪猫发生接触，会存在与其发生摩擦从而导致受伤或是被传染疾病的风险，所以最好尽可能避开与其接触。

尝试带猫咪散步

准备事项

背心式或工字形牵引绳

紧急情况下
避难用的猫包

猫咪的
零食

猫咪的零食

猫咪的零食

零食

预留最少一小时进行悠闲的散步。

在日本，当猫咪受到虐待时

　　一直以来，由于保护动物相关法律的处罚太轻，在日本，杀害动物的情况往往会以物品损害罪的罪名进行处罚。

　　但是，随着对待宠物的社会认识的变化，以及动物的保护以及管理的相关法律的修改，对于虐待动物的处罚有所加重。物品损害罪是"处以3年以下有期徒刑并处以30万日元（100日元≈6.5元人民币）以下的罚款"，但在动物的保护以及管理的相关法律中，在有"随意伤害动物的行为"的情况下，规定"处以1年以下有期徒刑并处以100万日元以下的罚款"。

　　近年来因为猫咪医疗事故而对宠物医院进行的诉讼不断增加。2002年，关于猫咪在绝育手术中死亡的诉讼中，因为死亡的猫咪曾在猫咪秀中获奖且具有优秀血统，判决要求医院方支付包括慰问金在内的共计90万日元的伤害赔偿金。

　　除此之外，由于医疗事故所产生的高额伤害赔偿金的案例不断增加。在有些恶性事件中，甚至会出现判决赔偿超过100万日元的情况。

　　另一方面，猫咪作为加害者一方的诉讼也不断增加。虽然猫咪不会像狗狗一样，造成损坏汽车、抓伤小孩等大型事故，但在海外也出现过婴儿被猫咪咬死的事件……

　　与邻里产生纠纷或放养猫咪也很容易造成一些不至于起诉的问题。虽然能理解主人希望猫咪过上自由自在生活的心情，但是在住宅密集区，最好是在室内饲养猫咪。

　　若居住在交通发达、道路密集的区域，也要考虑猫咪遭遇交通事故的可能性。若不幸发生这种情况，金钱也解决不了的伤痛将会陪伴主人一生。

认为自己"被训斥了"时，
猫咪的行为和动作

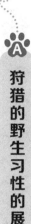

用爪子挠家具

A 狩猎的野生习性的展现

猫咪喜欢挠布沙发、家里的墙壁、古色古香的木箱等越是主人认为"只要不挠这里就行"的地方，猫咪就越想"磨爪子"。越是希望能安然无事，猫咪的爪子对主人来说就越是头疼的问题。

猫咪磨爪子有以下两个原因。一是猫咪要保证在捕猎时作为重要工具的爪子随时保持可使用的锋利状态；二是猫咪通过磨爪子留下的痕迹向其他猫咪宣告"这是我的地盘"。即使是不需要狩猎的家养猫咪也没有丧失这一野生习性。

猫咪在喜欢磨爪子的地方会抬起前脚站立，以稍微延展的姿势将前爪搭在适当的高度。因为用于宣告这是自己领地的标记会让其他猫咪认为"这家伙好像体型不小！"，所以猫咪会尽量把高度抬得更高一点。猫咪会选择容易抓挠且在抓挠时能受到一定阻力的东西作为素材，布艺沙发的靠背等地方正适合猫咪磨爪子。

在不希望被猫咪拿来磨爪子的地方喷上带有猫咪不喜欢的味道和触感的驱避剂，同时在旁边放置相同高度的专门用于磨爪子的柱子，引导猫咪在柱子上磨爪子。因为猫咪磨爪子并不仅仅限于一处地方，最好在多个地方和不同材料处都进行这样的设置。

对于磨爪子的对策

磨爪子的理由

为了让爪子长期保持锋利
通过磨爪子留下的痕迹来宣告自己的领地主张

在此之前

将纸板或软木、
地毯等卷起来就
可以了

设置磨爪子专用的柱子。

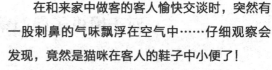

啊，在客人的鞋子里小便

A 想让自己领地内的异物沾染上自己的气味

在和来家中做客的客人愉快交谈时，突然有一股刺鼻的气味飘浮在空气中……仔细观察会发现，竟然是猫咪在客人的鞋子中小便了！

这是亲近人类的猫咪经常会有的行为。本身戒备心就比较强的猫咪会非常讨厌不认识的人和物。如果自己的领地范围内出现了此类东西，猫咪会觉得自己的安居地受到了外来威胁，很容易变得紧张且躁动。

为了消除不认识的东西的存在感，最主要就是消除其味道。猫咪会在沾有不认识的人的味道的鞋子和衣服、箱包等上面小便，将这些物品的味道变成属于自己的味道。

为了防止猫咪到处小便，应该将猫咪转移到没有客人的其他房间中，尽可能不让二者碰面。另外，为了不让猫咪接触到客人的衣服和随身物品，应将其放在带有门的衣橱等地方。因为有这种行为且亲近人类的猫咪并不会专门跑过来攻击客人，所以只要不让猫咪意识到客人的来访就能解决问题。

顺便一提，猫咪的尿液味道十分刺鼻难闻。味道在清洗过后还是极有可能残留，所以在饲养猫咪时一定要做好预防工作！

饲养亲近人类的猫咪时，
若有客人来访需注意的事项

做好猫咪小便的心理准备

若有不熟悉的人或物进入自己的领地范围，
猫咪会因为领地被侵犯而感到不安

为了消除不熟悉的人或物的存在感，
猫咪会消除掉其味道

在物品上小便以让物品沾染上
自己的味道，猫咪才会感到安心

啊！猫咪在客人的
鞋子上小便了

如果有不熟悉的人，
我会感到不安啊

接近炉灶和暖炉是很危险的

Ⓐ 注意不要让猫咪过于靠近家中的火源

家养猫咪常在煤气炉周围或煤油取暖炉附近悠闲地逛来逛去。即使主人呵斥"很危险！"，猫咪也充耳不闻。虽然让猫咪上过一次当就知道危险性了，但还是无法放任猫咪做这么危险的事。

虽然大家都说野生动物怕火，但要目睹过山火等恐怖现场之后才会对火感到害怕吧。在安全的环境中出生长大的动物不怕火的情况也会发生。即便是肉眼可见的火都不曾害怕，那就更不用说不使用火的取暖器和电热器的电源等东西了，所以经常会发生由于过度靠近热源而造成烧伤烫伤的事故。近年来，出现了很多用按钮来控制的厨房家电，也发生过除猫咪之外的其他家养宠物无意按下开关造成火灾的事故。

为了防止此类事故的发生，有以下几个方法：
●为了不让猫咪过度靠近热源，设置一个小围栏；
●在周围放置散发出猫咪不喜欢的味道的驱避剂；
●在周围贴上猫咪不喜欢的黏黏糊糊的胶带等，
　使猫咪难以前进。

另外，在热源附近堆积一些碗或竹篓之类的东西，如果猫咪试图通过该地，便会发出较大的声音，讨厌大音量的猫咪会认为"通过该地会遭遇一些不好的事情"，进而会讨厌这个地方。

防止烧伤烫伤的措施

因为市面上出售各种各样的驱避剂，所以要选择与用途相对应的产品

呀，不能过去

猫咪不喜欢在胶带上走路时黏黏糊糊的感觉，所以会不再靠近

- 在热源周围设置围栏
- 喷驱避剂
- 在热源周围贴胶带
- 让猫咪在通过该地时会发出巨大响声

如果生气地说「呀！」，猫咪会明白是不行的意思吗

Ⓐ 让猫咪记住「如果碰到那个会遭遇不好的事情」

刚以为猫咪安静下来了，却没想到它一会儿就抽出了所有抽纸，一会儿又不断地挖出花盆中的土壤，总之是恶作剧不断。虽说主人刚说一句"呀！"，猫咪就"嗖"地一下溜走，但是猫咪真的知道自己在做坏事吗？

猫咪一听到"呀！"就溜走，是因为听到了较大的音量。猫咪知道"呀！"这个字是主人在呵斥时候所说的话，因为猫咪不喜欢被呵斥，所以会逃到主人看不见的地方。

但是，猫咪是无法判断好坏的，"喜欢就做""不喜欢就不做"是猫咪唯一的判断标准。若想要猫咪停止某一行为，只有让猫咪记住"如果干了这件事会遭受不好的结果"。在猫咪做坏事的时候，不要拍打猫咪，而应一边呵斥"呀""不可以"，一边用提前准备好的装满水的喷雾器向猫咪的脸上喷水。最好让猫咪记住"某种行为等于被喷水（遭遇不好的事情）"。

有用的斥责猫咪的方法

呀!

用喷雾器等向猫咪的脸上喷水

- 由和猫咪构筑了信赖关系的人进行呵斥
- 一边说"呀""不可以"等制止的语言，一边向猫咪的脸上喷水
- 让猫咪记住"某种行为等于被喷水（遭遇不好的事情）"

被训斥的时候视线飘离是因为不开心吗

互相凝视意味着猫咪之间宣战

将做了坏事的猫咪抓住并抱起来进行说教，"为什么要做这种事？！我说了不可以的吧！"，这样一来猫咪就会移开视线。就好像假装不知道"诶，在说什么呢？听不懂啊"。

被训斥的时候移开视线并不是因为猫咪被训斥而感到不快，而是因为猫咪本来就不擅长相互凝视。在被喊到名字而回头看等情况下，猫咪会有短暂的目光相接作为回应，这虽然并无不妥，但目不转睛地凝视就是另一回事了。

目不转睛地凝视在猫咪之间的交往中是一种不礼貌的行为。相互凝视被认为是在相互揣测对方的实力，也就是在为打架做准备，是宣战的信号。若野猫之间隔了一小段距离并相互凝视，那它们可能在想"这家伙难道比我强？怕不是要缠上我了？"，这实际上是它们在打架前试探对方的实力。相互凝视时若移开视线，则代表着认输，这就决定了之后在这片区域中的上下关系。

被主人凝视的猫咪会觉得自己被找碴儿了，移开视线就代表已经认输。若再继续呵斥也不会有太大效果，所以此时便可以停止继续说教了。

移开视线并不是因为感到不快

对于猫咪来说相互凝视是

相互推测对方实力，为打架做准备

▼

移开视线就代表认输

▼

被主人凝视的猫咪
会觉得自己被挑衅了

认输吧

装作不知道

○×▲>#□
《$◇?

如果出现这种情况，继续训斥也不会有太大效果。

虽然被斥责过很多次，但猫咪还是喜欢爬到书架上，把书都推翻。主人刚开始斥责"呀，你又来了？！"，猫咪却突然开始梳理毛发，毫不在意主人的怒火，这种态度就好像在说"啊，是是是，又生气了啊"。虽然一边说着"喂！认真听我说话！"，一边希望猫咪能看向自己……

但是梳理毛发在某种意义上却表明"因为主人喜欢所以才这样做"，表现出一种复杂的情绪。猫咪梳理毛发是为了平息被深爱的主人呵斥所带来的不安，就像在幼猫时期被母亲舔舐身体便能让猫咪安心一样，自己舔舐、梳理毛发也能获得同样的效果。若被一直像母亲一样守护自己的主人训斥，会使猫咪变得非常不安。为了消除这份不安，缓解紧张情绪，猫咪便会开始梳理毛发。

所以千万不可以娇惯猫咪。过于感性的长时间训斥反而会出现相反的效果。如果猫咪做了什么坏事，应该当场训斥猫咪让其明白"做了这件事就会被训斥（遭遇不好的事情）"。另外，禁止猫咪攀爬的地方，应该想一些办法（设置障碍或贴上胶带之类的黏糊糊的东西）以阻止猫咪攀爬，这些方法有助于让猫咪记住"在此会碰到不好的事情"。

A 是猫咪在平复自己被喜欢的主人训斥所造成的不安情绪

明明被训斥了却还在整理毛发，是因为没有在听吗

被训斥的时候却梳理毛发

为了平复自己不安的情绪

被训斥

▼

不 安

▼

通过梳理毛发来消除不安

就像幼年时期
被母猫舔舐便能安心一样，
自己舔舐也能获得同样效果。

被训斥过却还一遍遍犯错，难道是故意的

A 引起主人关注的便捷方式

"不可以碰那个！""不可以爬到这个上面！"明明嘴都说累了，但猫咪却不知为何总是重复犯错。难道猫咪是故意的吗？

实际上，确实极有可能是猫咪故意而为之。并不是猫咪希望被训斥，而是想引起主人的关注。若想得到主人的关注，做坏事是最省事的方式了。如果小朋友想在幼儿园等地方引起正在照顾其他孩子的老师的注意，就会揪扯老师的头发，或是欺负其他的小朋友。猫咪也是如此，若想引起主人的关注，猫咪也会飞奔到主人身边。

这种时候，有的猫咪会在开始行动之前喵喵叫，以引起主人注意。

读懂猫咪的情绪
要点和建议

离不开主人的猫咪

虽然被自家的猫咪黏着撒娇是一件值得开心的事情，但如果猫咪过分黏人就要另当别论。

离开主人就发出异常叫声，或在家随地小便、暴力损坏物品的猫咪很有可能患有"分离焦虑症"。虽然这种病几乎不会出现在猫咪这种心气高傲的动物身上，但据说在极少数断奶之前就离开母猫的猫咪身上确实会出现。如果发生了这种情况，应该在兽医的指导下通过行为疗法和药物疗法进行治疗。若家中的猫咪过度黏人，并给日常生活造成障碍，应该去咨询相关行为专家。

为什么会重复犯错

想被理睬

▼

为了引起主人的注意

▼

为了让主人更容易注意到自己，
有时候会在恶作剧前发出叫声

▼

做坏事

因为想被关注
所以再做一次吧

第6章 认为自己"被训斥了"时，猫咪的行为和动作

被训斥后拼命地磨爪子，是生气了吗

是抑制不安和兴奋的使自己放松的方法

被主人训斥"呀，我说过不许做这种事了吧！"的猫咪，有时候会在描抓板上疯狂地磨爪子。

然后就会出现咯吱咯吱、嘎吱嘎吱用力磨爪子的声音。好像是在发泄被训斥的怨恨一样，带着"竟敢吼我！总有一天我要报复回去！"的怨念磨爪子是向主人表示复仇的决心……才怪。这反而是猫咪非常喜欢主人才会有的行为。

就像在被训斥的最高潮时猫咪梳理毛发一样，磨爪子也是猫咪平复不安心情、缓解紧张情绪的一种方法。猫咪为了掩饰"被训了，呜呜"的心情便开始磨爪子，因为这是猫咪缓解情绪的放松方法，所以就让其随便磨吧。

另外，猫咪不仅会在不安的时候磨爪子或梳理毛发，在感到恐惧时或兴奋之后也会如此。若被强烈震撼，猫咪也会猛梳毛发，仿佛要将自己薅秃一样，或是拿出挠掉指甲盖的气势疯狂磨爪子。

磨爪子是在放松

兴奋时	被训时	恐惧时
▼	▼	▼

通过磨爪子来放松心情

忘掉被训斥的事情吧

被训斥后在地上滚来滚去，是想和好吗

A 表明猫咪在打招呼，表达对主人的喜欢之情

主人稍不注意，猫咪就开始恶作剧。刚洗完澡就发现猫咪偷吃留下的痕迹！在主人训斥"呀！"之前，猫咪就一溜烟儿地逃走了。主人一边抱怨一边收拾时，不知藏在何处的猫咪不一会儿就开始慢慢靠近主人，试探性地用头蹭蹭主人的脚，或是将身体靠在主人脚上……总感觉猫咪在说"对不起"，寻求主人的原谅。

但让人遗憾的是，猫咪可能压根儿没打算道歉。由于猫咪不喜欢被训斥，所以它只是单纯观察主人的样子，问问"已经不生气了吗？"。为了向主人确认"我们关系很好吧？"，猫咪会在主人身上蹭来蹭去，表明自己对主人的爱意。

读懂猫咪的情绪
要点和建议

猫咪的这种行为就是在表达爱意

除了将身体蹭来蹭去之外，猫咪还有其他许多表示爱意的方法。比如说，紧贴鼻尖就是有爱的证据。主人将自己的鼻子和猫咪的鼻子保持在同一高度，或是拿出像鼻子一样的凸出物（指尖等），猫咪就会像闻气味一样把鼻子贴上来。

猫咪和猫咪之间经常会做此类动作来表达爱意。猫咪之间相互蹭鼻子表明双方之间没有敌意，只有爱意。和人类也是如此，用鼻子是在打招呼说"哥俩关系好！"。

另外，看对方屁股也是猫咪表达爱意的方法之一。

猫咪不会道歉！？

被训斥完后会靠过来……

主人如果忘记刚刚生气的事情，就会陪我玩儿了

> 猫咪无法理解是因为自己的行为
> 导致自己被主人训斥。

治愈系猫咖的"最新消息"

最近，可以和猫咪共度时光的猫咖的数量急剧增加。

其中，人气最高的要数可以单人就餐且可提供各种服务的咖啡店了。

可以悠闲地躺在有多只猫咪陪伴的沙发上读书，也能在可睡觉的沙发上小憩一会儿，这样的咖啡店十分受欢迎。另外，常备 2000 本漫画书和小说且可供人休息的咖啡店也不断增加，工薪族和白领的需求也持续高涨。所以，向该方向改良的猫咖才会如雨后春笋般出现在商业街上。

在日本，较为亲民的价格为 1 小时 1000 日元，或是点一杯 500 ～ 800 日元的饮品即可，大家都喜欢这种不会造成经济负担的营业模式。也有一种咖啡店，只需花费 2000 ～ 3000 日元，在营业时间内便可想待多久待多久。

第7章

猫咪感到压力的时候

猫咪突然变得很凶！为什么态度会急剧变化

A 猫咪反复出现攻击行为也许是因为紧张

平时悠闲打盹儿，玩耍时精力充沛，时不时还恶作剧的猫咪，在明明不是黄昏和黎明的狩猎时间，却突然气势汹汹地在家中飞来跳去，有时也会击打或踢踹什么都没做的主人。就好像被恶魔附体一样！到底是怎么一回事？

这种时候首先考虑猫咪从窗户中看到了麻雀和飞虫，以此激发了其狩猎本能的可能性。但是，如果窗户外并没有任何东西！也可能因为猫咪急躁的情绪高涨，因而迁怒于主人，并在家中跑来跑去，希望至少以此来体验一下狩猎的氛围。这种情况下的猫咪处于完全兴奋的状态，即使被主人呵斥也充耳不闻。因为猫咪的暴躁情绪过会儿就会消散，所以为了不再被当作猎物替代品而遭受袭击，可以选择远离猫咪。

但是，若猫咪持续做出这种攻击行为，应考虑是不是因为猫咪过度紧张。由于猫咪十分警觉，因此十分讨厌自己领地范围内的状况发生改变。比如搬家，或是装修所导致的家中的改变、家庭成员的增加等环境的变化。很可能是因此导致猫咪烦躁紧张，从而使其出现一系列暴乱行为。

突然出现攻击行为的原因

比如

从窗户中看见麻雀
▼
狩猎的本能觉醒
▼
窗户外什么都没有
▼
越来越烦躁
▼
拿主人出气
或是在家中跑来跑去,
以此体验狩猎的氛围

若猫咪持续做出攻击行为,也有
可能是因为紧张情绪

可能的
原因

● 搬家
● 家中装修发生改变
● 家庭成员增加等

A 猫咪对不熟悉的人或事物会感到强烈的紧张不安

客人明明表示"很喜欢猫咪，让我摸一下！"，但心爱的猫咪却躲着不肯出来，或是在见到客人身影的一瞬间便以迅雷不及掩耳之势逃走。

这会让主人陷入一种尴尬的状态，但对从小就只见过主人一家人，只与固定的几个人交往的猫咪来说，有不认识的人出现在自己的地盘上也不是一件值得开心的事。

若是猫咪一有客人到访，就一溜烟儿地逃到搁板或壁橱里，绝对不出来见客，则表明其对来访者感到强烈的紧张不安。

有些主人会觉得猫咪躲起来对客人来说是一种非常不礼貌的行为，为了让猫咪招待客人，会强行将猫咪从其躲藏的地方抱出来，带到客人身边，这种行为是绝对不允许的。猫咪为了逃走可能会做出抓伤客人的行为，这对双方来说都是非常危险的。

读懂猫咪的情绪

🐾 要点和建议 🐾

猫咪喜欢"讨厌猫咪"的人

猫咪是一种希望人们只在自己想玩耍时来逗玩的动物。对于认生的猫咪来说，不认识的人大声说"呀，好可爱！"，或是强行把自己抱起来，都是非常苦恼和恐怖的事情。而那些对猫咪毫不关心、甚至不想靠近猫咪的人更能让猫咪感到安心。

如果想和认生的猫咪搞好关系，就不要强行靠近猫咪，而是放低身姿，用温柔的声音呼喊猫咪。耐心等待至猫咪觉得"这个人很安全"，并自觉地靠过来即可。

猫咪很认生

有客人来访就会藏起来，
并绝对不出来

▼

证明猫咪对来访者抱有强烈的
紧张不安的情绪

欢迎

猫咪还好吗？

绝对不要出去

如果主人抱着婴儿的话，猫咪的举动就会变得很可疑

绝对不原谅横刀夺爱的新来者

朋友带着宝宝来家里做客，猫咪就态度突变！猫咪远远地对着客人"喵呜喵呜"地叫个不停，或是一边撒娇地"喵喵"叫，一边黏在主人身边……这难道就是紧张不安？

如果猫咪出现这种态度，与其说是因为婴儿宝宝，不如说是因为主人的态度让猫咪感到强烈的紧张不安。如果主人在猫咪面前表现出对宝宝的疼爱，猫咪会觉得一直以来只疼爱自己的主人正在温柔对待除自己以外的生物，不由生出一种被"横刀夺爱"的强烈不安感，从而发出吵架时才会有的"喵呜喵呜"的叫声。猫咪试图驱赶威胁到自己地位的新来者。另外，"喵喵"的叫声也是猫咪在说"喂喂，也关心关心我！"。

这是猫咪在对疼爱婴儿宝宝的主人表明"忘记我了吗？也疼爱疼爱我！"的急切心情。

婴儿在场时，主人应频繁地呼唤猫咪的名字；在客人抱着婴儿离开后，主人应花比平时更多的时间陪猫咪玩耍，或是拿出时间与猫咪进行亲密的肌肤接触等，强化与猫咪的亲密关系。

婴儿宝宝是竞争对手？！

主人温柔对待
除自己之外的生物

▼

产生激烈的不安情绪

好可爱

喵喵~理我嘛

喵~
喵~

通过叫声判断猫咪的情绪

"喵呜~喵呜~"

打架时的叫唤声

"喵~喵~"

喂喂，也关心关心我

因为有些猫咪会因为这种紧张情绪导致身体不适，
所以在婴儿在场时，主人应频繁呼唤猫咪的名字；
婴儿离开后，应花时间陪猫咪玩耍
以巩固与猫咪之间的关系。

第7章 猫咪感到压力的时候

Q 开始收拾行李准备去旅行的时候，猫咪就身体不适

A 猫咪对主人不在时的寂寞感到强烈不安

因为工作上的出差需要或是私人旅行等原因，主人在为外宿做准备时，有些猫咪会出现拉肚子、便秘或呕吐等身体不适的情况。这也是猫咪的紧张情绪所导致的。

猫咪对"不开心的经历"拥有出人意料的优秀的记忆力。看到旅行箱，猫咪就会察觉"拿出来行李箱就说明主人要离开去某个地方了"，并会唤起令其非常不安的记忆。这种不安会导致猫咪身体出现状况。

主人旅行时，猫咪被寄养在宠物寄养处或熟人家中的经历会让猫咪更加痛苦，使其在主人外出时都会感到紧张。应该尽可能地让猫咪事先见到即将照顾自己的熟人或宠物店的工作人员，最好通过让猫咪与帮忙照料的人稍微提前接触熟悉等方式来缓解留守家中的猫咪的紧张情绪。

读懂猫咪的情绪
要点和建议

猫咪可以看家吗

即使主人不在家，只要做足准备，猫咪是可以胜任两天一夜这种短时间的看家任务的。

因为环境的改变最能让猫咪感到紧张，只外出一晚的情况下，让猫咪待在家中更能减轻猫咪的心理负担。提前准备好充足的食物和水，注意不要忘记利用空调的定时功能来保持室温。

另外，为了防止出现意外事故，应该再次检查线路和窗户锁。长期外出时，应将猫咪寄养于宠物寄养处，更佳的选择是让照顾宠物的专职人员或亲属友人来家中照料猫咪。

只要看到旅行箱……

看到旅行箱

▼

察觉主人即将去往某地

▼

想起被寄养时不好的经历

▼

紧张情绪会导致猫咪出现
拉肚子或呕吐等身体不适的状况

诶?

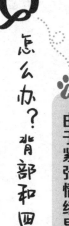

怎么办？背部和四肢开始掉毛

由于紧张情绪导致猫咪过度梳理毛发，从而引起掉毛

因为猫咪的野生习性是隐藏自己来狩猎，所以为了不让自己散发出异味，猫咪会经常梳理舔舐毛发，保持自身干净。

因此猫咪会专心致志地梳理毛发，特别是在冬春季节这样换毛季的时候。如果猫咪因梳理而误食过多的毛发，则有可能在体内缠结为毛球，所以主人要定时为猫咪梳理毛发。但是要注意，若猫咪过度热衷于梳理毛发，会导致其背部和四肢掉毛严重甚至表皮肤裸露！这有可能是因为猫咪感受到了强烈的紧张情绪。

若因为环境等变化而导致猫咪丧失安居之地，为了掩饰自己的不安情绪，猫咪会拼命地舔舐自己的毛发。幼猫时期，就像母猫为小猫舔舐毛发以安抚小猫情绪一样，成年后的猫咪会自己舔舐毛发，以此来代替母猫的安慰行为。但如果猫咪过度紧张，即使是不断地舔舐毛发也无法使自己平静下来。由这种紧张情绪所导致的"舔舐过度掉毛"主要发生在背部和四肢，其特征是掉毛严重的区域并不会出现在猫咪全身，而只会出现在猫咪舌头所能舔舐到的范围内。

除此之外，导致猫咪掉毛严重的原因还有螨虫、霉菌等引起的皮肤炎，也有可能是内脏器官患病所引起的。不要凭自己的经验判断，而应该去咨询兽医。

注意！过度舔舐毛发

因为环境的变化导致失去安居之地

▼

为了掩饰自己的不安情绪，猫咪会拼命地舔舐毛发

▼

即使不断舔舐也无法平复心情

▼

过度舔舐会导致掉毛

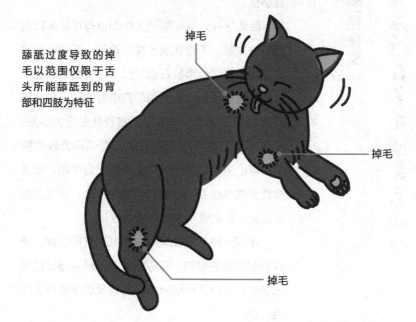

舔舐过度导致的掉毛以范围仅限于舌头所能舔舐到的背部和四肢为特征

掉毛

掉毛

掉毛

除此之外的掉毛原因还有螨虫、霉菌等引起的皮肤炎。无论怎样，不要随意进行判断，而是要咨询医师。

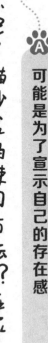

忘记了猫砂盆的使用方法？在家中随意大小便

可能是为了宣示自己的存在感

明明以前都能正确使用猫砂盆的猫咪却突然在家中随地小便，这种情况常有发生，这也极有可能是因为紧张情绪所导致的。比如说，因为家中频繁有客人到访，所以猫咪会感到"领地被侵犯"，于是就随地小便来标记。若主人带回新的宠物或增加新的家族成员，猫咪会因为觉得主人的注意力从自己的身上移开而感到不安。为了宣示主权，猫咪会随地小便来标记。若猫咪以前会使用猫砂盆，找出猫咪异常行为的原因，若能缓解或消除猫咪紧张情绪，猫咪就会重新使用猫砂盆小便。

除此之外，猫咪随地大小便也有可能是因为猫砂盆太脏、不喜欢猫砂盆的位置、猫砂种类的改变等。尝试经常打扫猫砂盆、寻找合适的猫砂盆的位置和使用以前常用的猫砂等方法，猫咪应该就会恢复常态，再次使用猫砂盆进行大小便。如果出现不得不改变猫砂盆位置或换猫砂的情况，可以采取将新猫砂和旧猫砂混合使用，或是慢慢多次地改变猫砂盆的位置等方法，减缓改变的速度，给猫咪足够的时间适应。

还有一种可能性是因为泌尿系统的疾病。随着猫咪年龄的增加，有可能来不及赶到猫砂盆就已经小便。为了以防万一，应该及时带猫咪去医院就诊。

紧张情绪导致无法正确使用猫砂盆？！

猫咪在家中随地小便的原因

☐ 家中频繁有客人到访，猫咪认为"领地被侵犯"，所以随地小便以进行标记

☐ 因为搬家或装修导致猫咪丧失安居地，为了找回自己的安居之地，所以猫咪进行标记

☐ 饲养新的猫咪或新增家族成员时，因为猫咪觉得自己不再被主人关心而感到不安，所以为了宣示主权而进行标记

☐ 猫砂盆太脏

☐ 不喜欢猫砂盆的位置

☐ 换新猫砂了

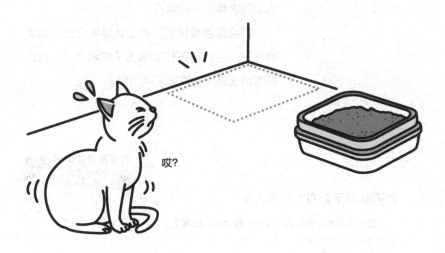

哎？

可能因为泌尿系统的疾病或年龄过大
导致猫咪来不及去厕所就已经小便。
为了以防万一，应该及时带猫咪去医院就诊。

Q

不管是什么都会一开始啃咬！是因为猫咪爱生气吗

A
告诉猫咪不能咬

有的猫咪就像人们所说的那样，明明之前毫无接触，猫咪却好像突然生气一般开始啃咬主人，极具攻击性。幼猫时期还无伤大雅，但成年后的猫咪牙齿和爪子会变得非常锋利，杀伤力极强。所以主人希望猫咪能停止这种行为。

这种暴躁的行为是因为猫咪在懂事之前就离开了父母兄弟，所以有很多猫咪并没能完全掌握猫咪之间所应学习的"即使只是游戏也不可以太过分！"的规则。

另外，如果有"以前我做出这种行为主人就会陪我玩儿"的前例，有的猫咪就会产生"再次啃咬主人也会陪我玩儿吧"的想法。注意避免出现这种不好的前例。

不论是哪种情况，都应让猫咪记住"如果啃咬主人会遭遇不好的事情（被训斥）"，且最好能矫正猫咪喜欢啃咬的习惯。

读懂猫咪的情绪
要点和建议

是猫咪缺乏毅力？还是人类

猫咪是非常讨厌被人控制的一种动物，但事实上，猫咪会为了反过来控制人类而想尽一切办法。

比如说，猫咪在猫粮盆前叫一声"喵"，且一动不动地望着主人，即使主人说"不是吃饭的时间吧"，猫咪也会反复地"喵喵"叫，硬要主人喂食。可能是以前有过猫咪想吃零食时，因为太过纠缠主人就妥协满足其要求，猫咪就记住了"强行要求的话主人就会答应"。在告诉猫咪"不可以的事情就是不可以"时，绝对不要答应猫咪的要求。可以用玩具等来转移猫咪的注意力。

爱生气的猫咪！？

猫咪出现攻击行为的原因

☐ 因为在幼猫时期就离开了兄弟姐妹，所以还未完全
　掌握"适可而止！"的规则
☐ 以前做出同样的行为时，主人会陪猫咪玩耍
☐ 因为紧张情绪的积压，希望能换个好心情

如何面对猫咪的紧张情绪呢？方法是什么

平时就对猫咪表示关心和爱意便能使其安心

若发现猫咪因为紧张情绪而开始出现一些异常行为，应该怎样应对呢？首先应找到原因所在。虽然消除引起紧张情绪的导火索很重要，但有些让猫咪紧张的原因使主人不得不在自己的生活方面做出让步，如出差和客人来访、附近的响动等。

虽然无法完全消除这些让猫咪紧张的根源，但通过平时多多呼唤猫咪、每天都陪猫咪玩耍等行为，让猫咪感到主人经常会关爱自己也是很重要的。这些行为能让猫咪消除紧张情绪，感到心情平静。

另外，对于由紧张情绪所导致的突发行为，也有一些有效的应对方法。比如，在猫咪害怕或恐慌时，用浴巾等将猫咪的身体包起来，为猫咪创造其喜欢的并能使其安心的狭小幽闭的环境。因为被抱起来会让猫咪感到不安，所以最好让猫咪趴在地上。即使猫咪从浴巾下逃走也不要去追赶，应一边观察猫咪是否有危险行为，一边等待走来走去的猫咪安静下来。在猫咪因为害怕躲起来的时候，不要强行将猫咪抱出来，应该安静地等猫咪自己出来。猫咪有时候因为害怕会一口气爬上很高的地方，无法自行从搁板等高处下来。如果猫咪躲在其平时无法到达的高度上，可能会出声求助，要注意捕捉到猫咪的叫声等信息。

若猫咪感到恐慌

用浴巾等将猫咪紧紧包住

▼

不要抱起猫咪

▼

若猫咪走来走去，
要等猫咪安静下来

在暗处等地方保持静默是很重要的

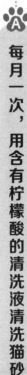

减轻猫砂盆异味，预防猫咪紧张情绪

Ⓐ 每月一次，用含有柠檬酸的清洗液清洗猫砂盆

因为猫咪会自己舔舐毛发以保持自身清洁，与狗狗等宠物相比异味会有所减少，但猫砂盆的臭味会显得尤为强烈。即使经常打扫排泄物（顺便通过每天的排泄物来判断猫咪的健康状况），清扫过后也会有异味残留。

其中一种解决方法就是使用带盖子的猫砂盆。除出入口之外的地方都被包裹起来的圆形猫砂盆能在一定程度上抑制异味扩散。

另外，不要只换猫砂和脚垫，至少每月要清洗一次猫砂盆，这样也能减少猫砂盆的异味。因为尿渍是碱性的，所以用含有柠檬酸的清洗液进行擦拭，便能将污渍和气味消除得一干二净。在厕所彻底干燥之后，再换上新的猫砂和脚垫，应该就不会再有异味了。

另外，有一种"可以冲进人用马桶的猫砂"，就像其所介绍的一样，可以冲进冲水马桶进行处理，但若每次冲进大量的猫砂，可能会导致马桶堵塞或倒流等情况。硬邦邦的猫粪与人类的粪便不同，很难溶于水，所以若倒入冲水马桶，有可能通过日积月累而最终导致马桶堵塞。最好是不要在马桶中冲进过多的猫砂。

减轻猫砂盆异味的对策

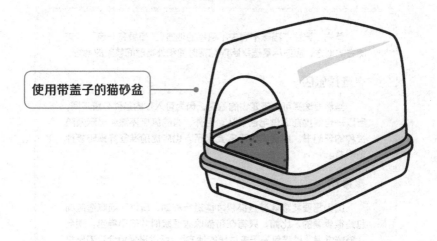

使用带盖子的猫砂盆

每月清洗一次猫砂盆

使用含有柠檬酸的清洗液
进行清扫

柠檬酸

在猫砂盆干燥之后，再换上新的猫砂和脚垫，
几乎就不会再有异味了

和猫咪一起旅行

首先，记住"猫咪不想去不熟悉的地方"。如果有一定要带猫咪去的地方，应该尽量选择路程花费时间和外宿时间较短的地方。

●选择旅店

当然要选择可携带宠物的旅店。因为可入住的条件有所不同，所以一定要提前通过电话确认。另外，有的旅店还需要出示预防接种的证明书。即使旅店不需要出示，也应提前准备好预防接种证明书。

●移动

因为需要将猫咪装进猫包才能进行移动，所以让猫咪适应猫包是很重要的。比如，只有在带猫咪去医院时才使用猫包，便会让猫咪觉得"进猫包等于去讨厌的地方"，所以进猫包会让猫咪觉得很紧张。另外，为了防止猫咪晕车，应在出发前3小时让猫咪禁食，等胃中没有食物和水之后再出发。

●随身携带的物品

最好能带上猫粮盆、猫砂盆、猫砂、玩具、猫粮等平时使用的东西。另外，为了不让猫咪挠花旅店的墙壁，还给给猫咪剪指甲。在室外不戴牵引绳是很危险的，所以务必戴上牵引绳。出于道德礼仪，最好能带上除臭喷雾。

●登记入住

再次确认住宿要求。进入房间之后，让猫咪从猫包出来之前，一定要保证窗户和门处于锁好的状态，并安装好猫砂盆。还要注意猫咪可能会在不熟悉的环境下做出反常的行为。

●其他

对猫咪来说，旅行多会带来紧张情绪。有的猫咪会因为紧张而从房间中溜出成为流浪猫，所以以防万一，应该让猫咪带上防丢牌。另外，紧张情绪可能导致一些应激反应，进而发展为疾病，所以在出发之前应该带猫咪去医院体检，确保其身体健康。

第8章

和长寿猫咪一起生活的绝妙方法

A 在家养猫咪寿命延长的同时，也出现了老龄化的问题

流浪猫的寿命不论是以前还是现在都未发生较大改变，保持在 4 ~ 5 年。

另一方面，在营养均衡的猫粮出现之前，家养猫咪的平均寿命为 7 ~ 8 年。以前猫咪的寿命明显短于现在的家养猫咪，主要是因为猫咪所需的动物蛋白质的不足，再加上经常食用盐分较高的剩饭剩菜，且人们尚未养成带宠物到兽医处就诊的习惯。当然，这说到底只是平均寿命，每天吃含有满足体质和年龄需求的营养成分的猫粮，并且享受着先进的医疗技术的现代家养猫咪寿命可以达到 12 ~ 15 年。这也只是平均寿命。近年以来，有不少猫咪的寿命长达 20 年以上。

但是，随着家养猫咪老龄化问题的恶化，老年猫咪的看护也成了一个大问题。猫咪身体机能老化、无法在厕所排泄，且因为腰腿力量的减弱会经常摔倒。也会出现所谓的痴呆症，导致主人不得不时刻盯着猫咪。主人们应该提前学习照顾老年猫咪的相关知识，以备不时之需。

寿命的延长和老年猫咪的看护

猫咪的寿命		
以前的平均寿命	7～8 年	
现在的平均年龄	12～15 年	
长寿的猫咪	20 年左右	

> 随着猫咪老龄化问题的恶化，
> 老年猫咪的看护问题也逐渐显露

老年猫咪的常见问题

- 不能在厕所排泄
- 腰腿力量减弱导致常摔跤
- 无意义的大喊大叫
- 来回走动
- 多次讨要食物，等等

我们家的猫咪相当于人类的多少岁

Ⓐ 猫咪的平均寿命相当于人的80岁

若将现在的家养猫咪的平均寿命换算成人的平均寿命，则约为80岁，这是一个很有趣的现象。

在出生后6个月左右，猫咪的身体机能会成长为一个成年猫咪的普通状态。此后，猫咪的1岁约相当于人类的18岁，2岁相当于人类的23岁，从3岁开始，猫咪的1岁则相当于人类的7岁。按此计算方式，猫咪的平均寿命为12年，约为人类的80岁。也就是说，接近于现代人的平均寿命。如果猫咪和人类都能选择营养均衡的食物，接受无微不至的医疗照顾，那么其寿命也会有大致相同的延长吧。

相对于身体年龄，若将猫咪的精神年龄换算成人类的精神年龄，据说约为1岁半。猫咪能听懂简单的词语，也能清楚地区分褒奖和呵斥。虽然猫咪能听懂人们的话，但能否按照人们的指令去做就又是另一回事了……另外，猫咪可以理解"这个箱子里有零食""主人进了那间屋子的话，一时半会儿不会出来""如果主人说看家，则说明主人要外出了"等日常重复的事物之间的因果关系，也可以理解"按这个按钮就会有食物出来""按那个按钮门就会打开"等对自己有益的事情。如果有一些能够令其开心的事情，猫咪也会模仿人类，也会进行"学习"。

寿命的延长和老年猫咪的看护

	出生后6个月	成为成年猫咪
	1年后	相当于 人类的 18 岁
	2年后	相当于 人类的 23 岁
	3年后	成长 1 岁相当于 人类成长 7 岁
	12岁左右	约为人类的 80 岁

随着年纪的增长，猫咪会发生怎样的变化

A

会和人类出现同样的老化现象，生活也会发生变化

猫咪的老化和人类的老化并无差异。"外表""行为""内脏"都会出现变化。

首先是"外表"。脱毛增加，毛发的光泽度也会下降。这种现象在黑猫身上尤为明显，白发会增加且全身毛发都呈现出干巴巴的状态。因为牙齿脱落，猫咪在吃饭时，食物会从口中掉落。眼睛会很容易堆积眼屎。猫咪也不会再磨爪子，并一直保持爪子外露的状态，肉垫的皮肤也会变硬。

接下来是"行为"。猫咪所有的行为都会变缓。猫咪不会再戏耍玩具，睡觉的时间也会变得前所未有的长。猫咪也不会再跳到高处，即使只有阶梯般的高度，也很难跳上跳下。猫咪每天去厕所的次数也会增加，每次如厕的时间也有所延长，并且还会出现尿床的现象。如果猫咪出现痴呆症状，会毫无目的地在家中踱来踱去，并且有时会持续地大声哭喊，或者突然变得残暴。

最后是"内脏"。肉眼无法看见的地方也会出现老化现象。眼睛、四肢的关节、肾脏、肠、脑等所有器官都会老化，会变得很容易患病。视觉、听觉、嗅觉也会衰退，猫咪逐渐变得无法把握周围的状况，很容易撞上家具，甚至是无法进食。

猫咪的老化现象

猫咪的老化

外　表	行　为
●掉毛 ●白发 ●干巴巴的毛发 ●牙齿脱落 ●很容易堆积眼屎 ●爪子保持伸出状态 ●肉垫的皮肤变硬	●行动变缓 ●不会再跳跃 ●睡眠时间变长 ●上厕所的次数增加 ●踱来踱去 ●几乎不会再磨爪子

上楼梯变得
很困难了啊

A 在食盆、床铺、猫砂盆上下功夫，使猫咪能够「快食快眠快便」

因为老年猫咪的一天基本上是睡过去的，所以首先应该为其准备一个非常舒适的床铺。老年猫咪很难再跳上跳下，所以应该将其床铺尽量设置在靠近地面的位置，方便猫咪使用。如果猫咪喜欢在高处睡觉，为了让猫咪不跳跃也能达到床铺，可以为其设置阶梯较低、便于攀爬且不会摇晃的楼梯。

因为猫咪肌肉力量的减弱，所以应该在床铺上铺满毛巾和靠垫等厚厚的、软软的东西。因为猫咪很容易尿床，所以不要忘记经常清洗铺垫物，保持清洁卫生。市面上有防止猫咪从床铺跌落的缓冲垫和能让床铺保持没有湿气、干燥清爽的舒服状态的尿垫等物品出售，最好能对其加以合理利用。因为老年猫咪很难再轻松地自我调节体温，所以夏天要将床铺移动到通风良好、凉快舒适的地方，冬天要给床铺铺上温暖的电热毯或者是放入怀炉。也可利用空调来调节室温，但不论是吹冷风还是暖风，注意不要将床铺直接放在出风口处。

可以将猫砂盆放置于床铺附近，或是增加猫砂盆数量，让猫咪在想上厕所时能立刻使用。如果猫砂盆高度较高，猫咪很难爬入，可以为其设置一个小斜坡或是楼梯，方便猫咪使用。

向下蜷身的姿势会让老年猫咪感到不舒服，与其将猫粮盆直接放置在地上，不如将其放置在有一点高度的底座上，让猫咪不用低头也能进食。当然，食物也要换成老年猫咪专用的食物。

为老年猫咪创造舒适环境

猫砂盆应该放在离床铺较近的位置。
另外，也可以增加猫砂盆的数量，
让猫咪随时随地都能使用

在床铺上设置防止
猫咪跌落的缓冲垫

与其将食物和水放在地板上，不
如将其放置于有一点高度的位置，
方便猫咪进食

猫咪在去世前会消失不见吗

现代家养猫咪在弥留之际会和主人待在一起，放心

就像以前常说"猫咪在去世时会消失不见"一样，很多猫咪在弥留之际并不想让主人看见，这与猫咪野生时代的习性有关。受伤或患病的猫咪为了不遭受敌人的袭击，会将自己藏在敌人很难发现的树洞等隐蔽的地方，安安静静地等待身体恢复。因为这种习性的残留，生活在放养时代的猫咪若感到身体不适，便会寻找隐蔽之处悄悄地藏起来，直至身体康复。猫咪多藏在走廊下面的深处等地方，有时甚至至死都没被人们发现，所以才会流传出"猫咪在濒死之际不想被人们看到"这种说法。

现代的家养猫咪完全被饲养在室内，因为身体稍有不适就会被主人发现，所以可以立刻得到治疗。猫咪的寿命因此有所延长，变得健康长寿。近些年来，为了让猫咪更加健康以进一步延长寿命，越来越多的人开始做出诸多努力。但是，若过分优待猫咪，反而会让猫咪变得弱不禁风，甚至会提前出现老化现象，所以，应该一边咨询了解自家猫咪的兽医，一边照料老年猫咪。

与猫咪分别的那一刻一定会到来，但是，此前那些与猫咪一起度过的快乐幸福时光并不会改变。不要过度害怕猫咪老去，要珍惜每一天，给予猫咪更多的疼爱。

猫咪在弥留之际不想被看见？

消失是因为野生时代的习性残留

若受伤或患病……

▼

为了不被外敌袭击，
会藏在不易被发现的树洞等地方，
静静地等待身体恢复

在躲到人们难以发现的地方等待疾病和伤口康复时，有时会出现猫咪气力耗尽而去世的让人遗憾的情况。这就是猫咪去世时会消失这一说法的来由。

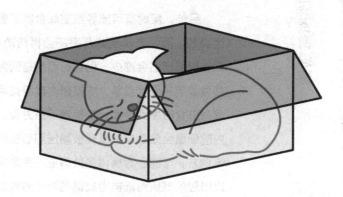

若过度优待猫咪，可能会让猫咪弱不禁风，
或让猫咪提早出现老化现象。
应该一边向了解自家猫咪的兽医进行咨询，
一边对老年猫咪进行照料。

身体状况异常是变老的一个现象？还是只是因为生病

A 不一定是因为年龄增长，若有疑问应咨询兽医

比如，猫咪出现尿床的情况。

人们会乐观地认为"这是猫咪变老而不得不出现的状况"，然后开始清理。但是，若仅认为这是原因，则可能会导致日后出现更严重的情况。虽然尿床的多数原因是猫咪的老龄化，但不要忘记也有可能是因为患有其他疾病。

比如，糖尿病会让猫咪大量饮水。猫咪在上年纪后没有足够的体力支撑其去猫砂盆小便，便会出现尿床的现象。也有猫咪会因为自主神经的异常而尿床。另外，猫咪不论在什么年龄段都很容易患上尿道结石和肾功能不全等这种会在排泄时表现出异常的疾病。若猫咪出现了从未有过的行为，不要自己随意进行判断，应该仔细观察猫咪的情况。若有疑问，应该咨询兽医。

另外，疾病有可能导致猫咪食欲不振和牙齿脱落。因为老年猫咪几乎不会再活动身体，食量理所当然会减少，但也有可能是因为牙周病导致猫咪牙齿脱落，或是因为口腔炎导致猫咪在进食时感到疼痛，使猫咪不想进食。口腔内的细菌会随着血液循环被输送到心脏和肾脏等地方，可能会对身体各处造成不良影响，所以口腔的健康对抵抗力较弱的老年猫咪来说是非常重要的。

容易被忽视的老年猫咪的疾病

本以为是猫咪的老龄化，但其实是疾病！

认为是由老龄化所导致的
尿床……

▼ 实际上可能是……

- **糖尿病**
  因为糖尿病会大量饮水，而老年猫咪没有足够的体力支撑其去厕所小便，于是出现尿床
- **自主神经的异常**
- **尿道结石和肾功能不全**

认为是老龄化所导致
的食欲不振……

▼ 实际上
可能是……

- **牙周病**
  牙周病导致牙齿脱落从而无法进食
- **口腔炎**
- **进食会导致疼痛所以猫咪不愿意进食**

老年猫咪也会因为按摩感到开心舒服吗

揉一揉看起来会让猫咪感到舒服的地方

家庭中一般会备有让人感到舒服的按摩工具，如穴位按压棒或按摩滚轴。即使是自己动手操作，也会觉得很舒服，若有专业的按摩高手，那简直是无与伦比的幸福时刻……同样，对猫咪来说，按摩也能让其感到舒适。即使主人并不太专业，也用一些可以简单上手的动作，为猫咪按摩。

在开始之前，要通过搓手等方法充分暖和双手。不要使用按摩油，也不要突然开始按摩，而要慢慢地抚摸猫咪，让猫咪放松之后，再开始按摩。

首先是能缓解老年猫咪经常会出现的慢性便秘的按摩。在猫咪肚子上以画圈的方式温柔地抚摸，应该按照粪便从肛门中排出的流向按摩，但注意不要太过用力。可以将猫咪抱起放置于膝盖上，也可以让猫咪保持睡觉的躺卧姿势。即使按摩没有立刻见效，只要能让猫咪感到舒服，就可以养成习惯并加以坚持。

接下来便是沿着脊柱刺激穴位的按摩了。将手放在猫咪的背上，食指和中指做出夹住脊柱的模样，从脖子向尾部进行抚摸。诀窍是指尖稍用力，按照脊柱的方向进行按摩。

缓解慢性便秘的按摩

①首先利用搓手等方式充分加热双手
②慢慢抚摸猫咪使其放松
③在肚子上以画圈的方式慢慢地进行温柔抚摸

这样好舒服啊

想象着粪便通过肛门排出的流向进行按摩，
不要太过用力。

A 以「不要做太过」「不要想不开」为座右铭

一般一只猫咪从出生到死亡所需花费的费用，包括疫苗等医疗费、猫粮等伙食费、猫砂等消耗品的费用、猫架等设备的费用，以现在的市价来看，大约需要 200 万日元。

有人说，养猫咪所需的费用大约是人类的孩子长大成人所需费用的十分之一。当然，若想延长猫咪寿命也要花费一定的费用。而且因为老年猫咪的寿命有所延长，所以除了之前的花费，也不要忘记算上尿垫和调节体温的暖炉的费用。

与年轻时的猫咪相比，老年猫咪的医疗费可能出现跳跃式增加。若到了晚期护理的地步，包括住院费在内，金额可能会高达数十万日元。

老年看护的问题并不仅仅局限于费用，看护所需的人手和时间都是一个大问题。

谁都会面对"要做到哪一步？"的烦恼。并不寄希望于猫咪身体康复，只是为了延长猫咪每一天的生命，如果治疗有效果的话要继续进行治疗吗？如果治疗只会延长猫咪的痛苦的话，应该任其自然发展吗？很多人会被这些问题所困扰，而这些问题的答案也会因人而异。用一句话说就是"主人绝不可以被打倒"。主人一定要尽力而为，不要勉强自己。

猫咪的花费

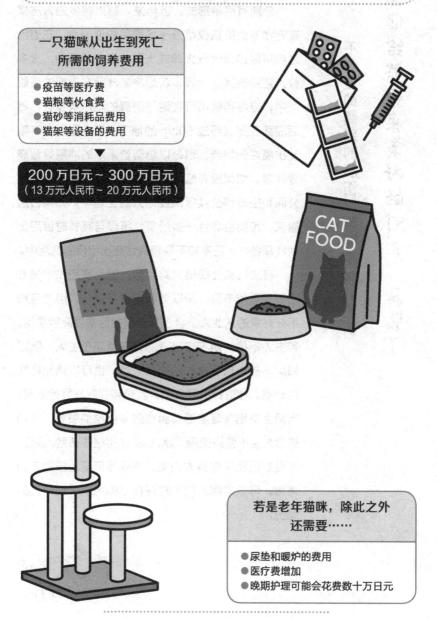

一只猫咪从出生到死亡
所需的饲养费用

- 疫苗等医疗费
- 猫粮等伙食费
- 猫砂等消耗品费用
- 猫架等设备的费用

▼

200 万日元 ~ 300 万日元
（13 万元人民币 ~ 20 万元人民币）

CAT FOOD

若是老年猫咪，除此之外
还需要……

- 尿垫和暖炉的费用
- 医疗费增加
- 晚期护理可能会花费数十万日元

谢谢你给我带来美好的时光，再见了

Ａ

不要压抑离别的悲伤，与朋友倾诉悲伤

与创造了快乐时光的猫咪不得不分别的那一天终会到来。

分别有很多形式，近年来，越来越多的人选择在宠物专业的殡仪馆办一场简单的追悼会。在道别之后可以选择进行火葬或土葬，但在城市中，大多数人还是选择了火葬。若想将猫咪葬在自家的庭院之中，应将猫咪用可在地下消解的毛巾等包好，然后埋葬在深度超过50cm的地下，目的是为了不散发出腐烂的异味，也是以防随着雨水的冲刷导致遗骨外露。如果没有庭院，绝对不可以将猫咪埋葬在公园和空地等公共区域或他人的土地中！如果日后搬家，可能会导致一些纷争，所以与其暂时借用土地埋葬猫咪，还不如不要将其埋在出租房的庭院中。

有些机构会提供火葬服务。因为费用和申请方法等都有所不同，所以要事前进行确认。因为有些不怀好意的从业人员会在火葬开始后索要高额费用，若主人拒绝，便不将猫咪的骨灰返还于主人，所以如果不放心自己寻找的相关人员，也可以请宠物医院介绍。在进行火葬之前，若想和猫咪好好地道别，市面上有出售延缓遗体腐烂的专用收纳袋等，我们推荐大家不要只使用干冰，也要活用这些物品。最后，不要忘记抚平自身的伤痛。不要尽可能地压抑悲伤情绪，可以向家人或能理解自己的朋友诉说自己的悲伤。

一般选择火葬和土葬

如果没有可以埋葬猫咪的地方则选择火葬
若选择土葬，一般会葬在自家住宅的土地中

若想葬在自家住宅的庭院里

● 将猫咪用可在地下消解的毛巾等包好
● 将猫咪埋葬在深度超过 50cm 的地下
● 若将猫咪葬在出租房的庭院中，搬家
  后可能引起纷争

最近出现了宠物专用的殡仪馆和墓地

**绝对不可以埋葬猫咪
的场所**

● 公园　　　● 空地
● 他人的土地

宠物去世后，也要注意主人的情绪。
经常出现超出预想的心理负担。
也出现过因为失去宠物而患上抑郁症的案例。

🐾 内容提要

　　猫咪是一种神秘的动物，它们性情多变，不可捉摸，我们仿佛永远都猜不到它们在想什么。那么，读懂猫咪的心思，真的是一件不可能的事情吗？

　　本书通过 100 篇有趣易懂的文章和可爱的插图，教我们根据猫咪日常的行为和动作，来判断猫咪在想什么。包含了各种与猫咪相处过程中可能会遇到的问题，如打哈欠是因为困了吗？ 因为白天睡太多所以晚上撒欢？为什么不喝猫咪专用水却喝花瓶里的水？开心地玩耍时为什么会突然啃咬？肉垫被汗浸湿，是因为房间太热吗？被训斥时视线飘离是因为不开心吗？猫咪为什么态度会急剧变化？作者通过分析猫咪行为背后的原因，给我们提供了与猫咪相处的科学指导。

　　本书适用于每一个对猫咪充满好奇的读者，打开本书，走进猫咪的神秘世界，向猫语十级进发吧！